外来生物
（がいらいせいぶつ）

監修

今泉忠明
動物科学研究所所長

岡島秀治
元・東京農業大学教授

Gakken

外来生物のどこが問題？

外来生物とは、もともとその地域にいなかったのに、人間の活動によってほかの地域から持ちこまれた生き物のことをいいます。今、問題になっていますが、どこが問題なのでしょうか？

なぜ害が出る　食べる

フイリマングース

沖縄島や奄美大島には、ほ乳類や鳥類を食べる動物がほとんどいませんでした。そこに、ハブなどを退治するためにフイリマングースが持ちこまれました。するとマングースは、ハブやクマネズミを食べずに沖縄島と奄美大島に前からすんでいたほ乳類や鳥類（「在来種」といいます）を食べ、それらの生き物をへらしていきました。

危険にさらされた生き物

ヤンバルクイナ　ヤンバルクイナがすんでいるところは沖縄島北部ですが、マングースが侵入しないようにしています。

アマミノクロウサギ　マングースに食べられていましたが、奄美大島全体でマングースをつかまえた結果、現在は数がふえてきました。

ウシガエル

ウシガエルは、大きなカエルです。食用として持ちこまれました。それが逃げて、ふえてきました。

カエルは目の前で動くものは何でも食べてしまいます。今までほかのカエルが食べなかったは虫類や魚、小型のほ乳類も食べます。さらには、ほかのカエルも食べてしまいます。

オオクチバス

オオクチバスは、食用に持ちこまれました。そして、釣るとおもしろい魚なので、全国に放されました。

日本の湖などでは、あるていどの大きさの魚や水生昆虫は食べられることがありませんでしたが、オオクチバスは自分の体の3分の1の大きさのものも食べてしまうため、もともといた魚や水生昆虫がへりました。

なぜ害が出る　環境の破壊

ヤギ

ヤギは荒れたところでも草をさがし、食べて育ちます。島などで食糧にするために持ちこまれました。
しかし、人が島から離れた後も残されたため、ヤギがふえてしまいました。ヤギは草や木の葉などを根こそぎ食べてしまうため、植物が生えなくなり、鳥も巣をつくれなくなってしまいます。

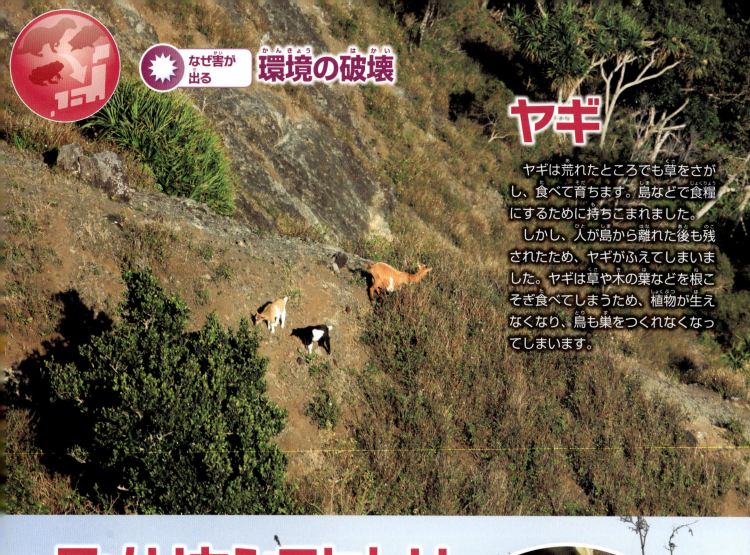

アメリカシロヒトリ

アメリカシロヒトリは、アメリカ軍の物資にまぎれて、日本に持ちこまれたと考えられています。
アメリカシロヒトリが入ってきたとき、アメリカシロヒトリの敵はいませんでした。街路樹や果樹園などで急にふえ、写真のように幼虫は木を丸裸にしてしまいました。
その後、へってきましたが、また最近ふえてきているようです。

ホテイアオイ

ホテイアオイは、花がきれいなので持ちこまれた植物です。

ホテイアオイはかなりふえるので、写真のように池をおおってしまいます。すると、池の中の水草などに太陽の光が当たらなくなり、やがて枯れてくさってきて、水がよごれてしまいます。また、池の中の生き物は食べるものがなくなってしまうので、かなりへってしまいます。

セイタカアワダチソウ

セイタカアワダチソウは、花がきれいなので持ちこまれ、それが野生化しました。

セイタカアワダチソウは丈が高く、写真のようにぎっしり生えるので、ほかの植物が育たなくなります。また、ほかの植物を育ちにくくする物質も出します。ついには、セイタカアワダチソウだけになってしまいます。

競合する アカミミガメ

なぜ害が出る

アカミミガメはペットとして持ちこまれたものが、逃げたものです。
日本にもとからいたニホンイシガメとすんでいるところがいっしょのため、ニホンイシガメと競い合ってしまい、へらしています。

ニホンイシガメ

雑種をつくる ミナミイシガメ

なぜ害が出る

ミナミイシガメはペットとして持ちこまれたものが、逃げたものです。
日本にもとからいたニホンイシガメとすむところがいっしょで、雑種をつくることができます。雑種ができると、もとからいたニホンイシガメがへってきます。

危険 なぜ害が出る

カミツキガメ

カミツキガメはペットとして持ちこまれたものが、逃げたりすてられたりしたものです。あごがじょうぶで口がかたく、いろいろなものを食べる被害もありますが、カメをつかまえた人にかみつくことがあり、大けがになります。

セアカゴケグモ

セアカゴケグモは、輸入したものにまぎれこんで、日本に入ってきたと考えられています。
このクモは小さく、なかなか気づきにくいのですが、毒があり、かまれると危険です。アメリカ合衆国では、このクモにかまれて死亡した人も出ています。

学研の図鑑LIVE eco 外来生物 もくじ

- 外来生物のどこが問題？ ……… 2
- この図鑑のつかい方 ……… 10

🌏 日本への侵入生物 ……… 12
- 南西諸島の生き物のつながり ……… 14
- 生物をもって生物を制す ……… 20
- くずれやすい小笠原諸島の自然 ……… 24
- 日本の湖や沼の生き物のつながり ……… 28
- 食用として日本にきた生物 ……… 30
- すてられたペットや家畜が野生化 ……… 42
- にたくらしをするものと競い合う ……… 44
- 遠く離れた場所からやってくる ……… 64

- 世界に広がる外来生物 ……… 66
- 種って、なんだろう？ ……… 82
- 害をおよぼさないものもいる ……… 90

初夏の川原は外来種だらけ ……………………………… 92

地面や水面をおおう植物の害 …………………………… 94

園芸植物として入ってきた外来種 …………………… 103

あれた環境に入りこむ外来の植物 …………………… 106

日本から海外に出た外来種 ……………… 108

世界的な外来種 ……………………………… 116

紫外線で性質が変化する!? ……………………… 123

窒素は大事！ でも毒！ ……………………… 129

リスト ……………………………………………… 130

世界の侵略的外来種ワースト100 ……………… 130

日本の侵略的外来種ワースト100 ……………… 134

日本に定着している特定外来生物 ……………… 138

特定外来生物ってなに？ …………………………… 140

さくいん …………………………………………… 142

この図鑑のつかい方

　この図鑑には、日本にやって来た外来生物、日本から海外に出た外来生物、日本には定着していませんが世界的に有名な外来生物をあつかっています。

マーク

　外来生物のなかには、外来生物法で「特定外来生物」や「生態系被害防止外来種」に指定されているもの、国際自然保護連合（IUCN）により「世界の侵略的外来種ワースト100」、日本生態学会により「日本の侵略的外来種100」に選定されているものがあります。それをマークであらわしています。

特定外来生物　外来生物法により、生態系や人間の命、身体や農作物などに被害をおよぼす可能性のある種は「特定外来生物」に指定されています。

生態系被害防止外来種　外来生物法により、生態系に被害をおよぼす可能性のある種は「生態系被害防止外来種」に指定されています。

世界ワースト100　国際自然保護連合が、世界的に見て、生態系や人間の活動に悪い影響のある100種の外来種を選定したものです。

日本ワースト100　日本生態学会が、生態系や人間の活動に悪い影響のある100種の外来種を選定したものです。

章

- 日本への侵入生物
- 日本から海外に出た外来種
- 世界的な外来種

　章ごとに、日本・世界に侵出した外来生物をまとめてあります。

どうやって日本に来た

　その外来生物が、いつ、どこに、どのような目的で日本に連れてこられたのかを解説しています。また、連れてこられた理由になった生態的な背景、今どこまで広がっているかなどを解説しています。

日本での分布図

　その外来生物が、日本でどこまで広がっているかをあらわした図です。今、日本に生息しているところを赤であらわしています。もともと日本にいた種の場合、もともとの生息地を青であらわしています。

毒ヘビを食べずに固有種を食いあらす
フイリマングース

特定外来生物　世界ワースト100　生態系被害防止外来種　日本ワースト100

　一時、「ハブとの戦い」で話題を集めたフイリマングースは、沖縄島や奄美大島、鹿児島県の本土一部に定着しています。雑食性で、昆虫やほ乳類、は虫類、鳥類、両生類、果実など、さまざまなものを食べます。この動物がすみついたため、さまざまな小型動物が食べられ、数がへってしまいました。

❓ どうやって日本に来た　毒ヘビやネズミをへらすため

　フイリマングースはもともと、毒ヘビのハブやクマネズミをつかまえて数をへらすために、ガンジス川河口のあたりのものを連れてこられました。最初は沖縄県で、1910年に那覇市の郊外と西原町に放たれました。そののちに、まわりの島にも放たれましたが、それらの島では定着しませんでした。

　沖縄島のものは、だんだんと数をふやして島の南部に定着し、1990年代には自然が豊かな島の北部にも広がりました。

　1979年には、同じ目的で沖縄島のものが奄美大島にも放たれました。また、同じころから鹿児島県の本土一部でもマングースが目撃されていて、現在も定着しているようです。

▲ハブにかみついているフイリマングースのはくせい。以前は沖縄島などで、観光用としてハブとマングースの格闘ショーが行われていましたが現在は行われていません。

▼沖縄に定着しているフイリマングース。雑食性で、野生動物だけでなく、飼育されているニワトリや、マンゴーやバナナなどの果樹への食害も出ています。

コラムページでは、外来生物で被害のある自然のしくみを解説

コラムでは、外来生物がなぜ害をおよぼすのかを、自然のしくみをくわしく解説することで理解できるようにしています。とくに、南西諸島や小笠原諸島などの場所は、その自然の貴重さとその地域ならではの自然のしくみをくわしく解説しています。

自然のしくみ

自然のしくみを解説し、その自然のしくみの中に、どのように外来生物が入りこんでいるのかを説明しています。

外来生物の現状

その自然のしくみの中で、外来生物がどのようにふるまっているかを解説しています。また、ときには導入した目的の危険性も解説しています。

種の解説

体長などのデータを入れてあります。そこには、原産地や日本での生息地だけでなく、海外での移入地ものせてあります。

なぜ害が出る

その外来生物による害と、害が出る背景を解説しています。また、その外来生物がふえていく理由も解説しています。

どのような対策をとる

その外来生物の害をふせぐため、どのような対策をとっているのか、またはあるのかを解説しています。

メモ

掲載ページの動植物に関連する情報をのせています。

毒ヘビを食べずに固有種を食いあらす

フイリマングース

特定外来生物 / 世界ワースト100 / 生態系被害防止外来種 / 日本ワースト100

一時、「ハブとの戦い」で話題を集めたフイリマングースは、沖縄島や奄美大島、鹿児島県の本土一部に定着しています。雑食性で、昆虫やほ乳類、は虫類、鳥類、両生類、果実など、さまざまなものを食べます。この動物がすみついたため、さまざまな小型動物が食べられ、数がへってしまいました。

どうやって日本に来た　毒ヘビやネズミをへらすため

フイリマングースはもともと、毒ヘビのハブやクマネズミをつかまえて数をへらすために、ガンジス川河口のあたりのものを連れてこられました。最初は沖縄島で、1910年に那覇市の郊外と西原町に放たれました。そののちに、まわりの島にも放たれましたが、それらの島では定着しませんでした。

沖縄島のものは、だんだんと数をふやして島の南部に定着し、1990年代には自然が豊かな島の北部にも広がりました。

1979年には、同じ目的で沖縄島のものが奄美大島にも放たれました。また、同じころから鹿児島県の本土一部でもマングースが目撃されていて、現在も定着しているようです。

▲ハブにかみついているフイリマングースのはくせい。以前は沖縄島などで、観光用としてハブとマングースの格闘ショーが行われていましたが現在は行われていません。

▼沖縄に定着しているフイリマングース。雑食性で、野生動物だけでなく、飼育されているニワトリや、マンゴーやバナナなどの果樹への食害も出ています。

♠大きさ ♣原産地 ◆移入地（日本；日本以外）🚫日本での評価 ⭕海外での評価 ★影響や害

フイリマングース（ネコ目マングース科）

Herpestes auropunctatus

♠体長25～37cm ♣南アジア～西アジア ◆沖縄島、奄美大島、鹿児島県の本土の一部など；ボスニア・ヘルツェゴビナ、クロアチア、中央アメリカ、フィジー、ハワイ諸島、そのほかの熱帯地域の各地 🚫緊急対策外来種 ★在来の小型動物の捕食、ニワトリや農作物の食害、人畜共通伝染病の媒介。

なぜ害が出る：肉食ほ乳類がいない、敵もいない

沖縄島や奄美大島には、陸生の小動物を食べる肉食のほ乳類がいません。雑食性のフイリマングースには、もともと敵がいなかった陸生の小動物をつかまえるのは、簡単です。

また、フイリマングースの敵となる大型動物もいないので、一度定着してしまうと、数がふえつづけてしまい、被害がどんどん大きくなっていきます。

▶沖縄島や奄美大島では、ハブが頂点にいる生き物の関係ができあがって、安定していた。

▲小動物をフイリマングースが食べ、天敵がいないので、どんどんふえる。小動物はどんどんへっていく。

どのように対策をとる：見張る・つかまえる

フイリマングースを見つけ、つかまえてとりのぞくことが大切です。わなをしかけたり、自動撮影カメラで居場所を見つけています。

もっとも多いときには、沖縄島で3万頭以上、奄美大島では1万頭ほどいましたが、2000年くらいから始められた駆除計画によって、最近ではかなり数がへってきています。

▲マングースの居場所や行動範囲を知るために、自動撮影カメラをつかっています。

▲箱型のわなにつかまったフイリマングース。

▲▶マングースをつかまえるためのわな（左はつつ型、右は箱型）。えさでおびき寄せ、つかまえます。

◀数がへってきたマングースを効率よくさがしだすために、探知犬をつかってさがす方法も導入されています。

メモ：フイリマングースは、以前はジャワマングースと同じ種にされていました。

13

南西諸島の生き物のつながり

大型の肉食ほ乳類がいない南西諸島で、フイリマングースは数をふやしていきました。南西諸島では、どのような生き物のつながりがあるのでしょう。

大型の肉食ほ乳類がいない世界

沖縄島や奄美大島がある南西諸島では、大陸や日本本土とは海でへだてられた環境で、ほかでは見られない変化に富んだ自然にあふれています。ここには、ほかの地域では見られないたくさんの生物たちがいます。大型の肉食動物がいない南西諸島の島々では、陸地では毒ヘビのハブが最終捕食者となっているところが多いです。西表島には唯一イリオモテヤマネコがいますが、数が少なく、獲物とする動物がかぎられていることなどから、バランスがとれた生き物の世界が形づくられていました。

▲沖縄島北部に広がる森林地域。原生林が多く残る自然に富んだ場所で、「やんばる」とよばれています。

南西諸島の生き物のつながり

▲ハブ（ホンハブ）。沖縄島にはこのほかに、ヒメハブがすんでいます。沖縄島では、毒ヘビのハブが最終捕食者になっています。

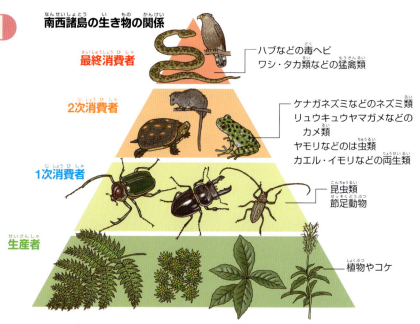

メモ　沖縄島のカブトムシは日本本土と別の亜種になっています。

フイリマングースによって影響をうけた生き物の例

▲ハナサキガエル

▲イボイモリ

▲オキナワキノボリトカゲ

▲ケナガネズミ

▲アマミノクロウサギ

▲ヤンバルクイナ

影響をうけた南西諸島の生き物

　フイリマングースがすみついたことで、南西諸島でしか見られない在来種の生活がおびやかされました。しかし、マングースをとりのぞく対策のおかげで、それらの生き物が回復しつつあります。その一方、最近ではマングースのかわりにノネコやノイヌがふえて、在来種をおびやかす地域がふえています。

ハブやネズミをつかまえないマングース

　マングースは、「コブラと戦う」という言い伝えから、毒ヘビにも負けないどう猛な動物として知られています。このようなことから、かつて西インド諸島やフィジー、ハワイ諸島でもネズミの駆除のために利用され、問題が起きました。
　沖縄島や奄美大島では、夜行性のハブとは活動時間がちがうため、ハブと戦うことはほとんどありませんでした。クマネズミは高い木にのぼれるので、フイリマングースにはあまりつかまりません。
　このように、生物を駆除するために移入させた生き物が、本来の目的の生き物ではなくほかの生き物をへらしてしまうという例は、小笠原諸島にアフリカマイマイの駆除のために移入させたウズムシなどでも起きています。

◀アマミノクロウサギをとらえたノネコ。

◀ニューギニアヤリガタリクウズムシ（左）とヤマヒタチオビ（下）。アフリカマイマイの駆除のために放されましたが、在来のカタツムリを食べてへらしています。

メモ　沖縄島北部や西表島では、ノネコがふえないように駆除や、カイネコの不妊手術などが行われています。

力ではなくメダカを絶やす
カダヤシ

特定外来生物　世界ワースト100
生態系被害防止外来種　日本ワースト100

カダヤシは、東北地方南部以南の日本各地に定着しています。メダカと同じような場所にすみ、水のよごれや塩分にも強く、繁殖力が強いため、日本在来のメダカ類がいた場所に広がっています。

? どうやって日本に来た　ボウフラを食べさせ力をへらすため

カダヤシは、ボウフラを食べさせ伝染病などを運ぶ力をへらすため、世界各地に放流されました。日本でも、1913年に北アメリカから奈良県や沖縄諸島に導入され、1970年代くらいから各地に放流されました。

◀ボウフラを食べようとしているカダヤシ。メダカのように水面にいるものを食べやすい口にはなっていません。体もメダカより大きく、メダカの稚魚や幼魚を食べてしまいます。

なぜ害が出る　悪い環境に強く子を産んでふえる

メダカがすめるところが少なくなった地域に、カダヤシが入りこんできました。カダヤシはメダカにくらべて、高水温や水のよごれ、塩分などに耐えてくらすことができます。また、めすがおすと交尾をして体内でふ化した子を産むので、子の生存率が高くなります。繁殖期も長いため、入りこんだ環境でいっきにふえます。

◀子を産んでいるカダヤシのめす。1回に70ぴきほどの子を産みます。

! どのように対策をとる　つかまえる

カダヤシをへらすには、すみ場所をさがし、たも網ですくってとりのぞくしか効果的な方法がありません。しかも、いっしょにとれたメダカなどの在来種は、水にもどす必要があります。

▼小川に群れるカダヤシ。メダカのように見えますが、体が大きく、口やしりびれの位置がちがいます。

カダヤシ（カダヤシ目カダヤシ科）
Gambusia affinis
🍃体長 おす3cm　めす5cm
🍀北アメリカ・ミシシッピ川流域　◆福島県以南の本州、四国、九州、沖縄諸島、小笠原諸島；世界各地　重点対策外来種　★メダカなど、在来種と競い合う。

めす
おす

メモ　メダカは、用水路をコンクリートでかためたり、田の水ぬきをしっかりすることで、へっていっています。

♠ 大きさ ♣ 原産地 ◆ 移入地（日本；日本以外） ⬛ 日本での評価 ⬛ 海外での評価 ★ 影響や害

かたっぱしから虫や小動物を食べる
オオヒキガエル

特定外来生物
生態系被害防止外来種
世界ワースト100
日本ワースト100

オオヒキガエルは、アメリカ大陸の広い地域にすむ大型のカエルです。体が強い毒をふくんだ粘液でおおわれているため、鳥などの天敵がほとんどいません。世界各地に定着して、問題になっています。

? どうやって日本に来た　サトウキビ畑の害虫を食べさせる

オオヒキガエルは、サトウキビの害虫駆除のために熱帯や亜熱帯地域に広く導入され、日本では南大東島に第二次世界大戦前に台湾から、小笠原諸島の父島に1949年サイパンから、石垣島に1978年ごろに大東諸島のものが導入され、先島諸島や小笠原諸島の島々に導入されていきました。

▶南西諸島の各地で栽培されているサトウキビ。その害虫であるアオドウガネ（円内）などを駆除するために導入されました。

✹ なぜ害が出る　繁殖力が強く、天敵がいない！

繁殖力が強く、さらに体に強い毒をもつ大型のカエルで、天敵がいないので、亜熱帯の気候のもとでは爆発的にふえます。体が大きいので、口に入る大きさのさまざまな昆虫や両生類、は虫類を食べます。そのなかには、南西諸島や小笠原諸島の固有種も多くふくまれます。父島と母島のオガサワラハンミョウが激減したのは、オオヒキガエルの影響だと考えられています。

また、強い毒をもっているため、カエルを食べたイリオモテヤマネコや、ヘビ類、鳥類などが死ぬといった害もあります。

▲ほかのカエルを食べているオオヒキガエル。手当たりしだいに、いろいろなものを食べていきます。

❗ どのように対策をとる　幼生をつかまえる

オオヒキガエルをへらすには、幼生（おたまじゃくし）のときにつかまえるという方法以外、効果のある方法が見つかっていません。

▶小笠原諸島の父島の浅い水辺に群れているオオヒキガエルの幼生。

オオヒキガエル（カエル目ヒキガエル科）
Rhinella marinus

♠ 体長9〜15cm ♣ 北アメリカ南部〜南アメリカ ◆ 先島諸島、大東諸島、小笠原諸島；太平洋の島々、オーストラリア、西インド諸島など ⬛ 緊急対策外来種 ★ 島々の固有昆虫や小動物の捕食、毒による捕食動物の被害など。

日本本土では、ヒキガエルのなかまをヤマカガシというヘビが食べます。

思ったほど食用にされなかった
アフリカマイマイ

生態系被害防止外来種
世界ワースト100
日本ワースト100

アフリカマイマイは、南西諸島や小笠原諸島の島々に定着しています。殻の高さが15cm以上にもなる巨大なカタツムリです。雑食性で乾燥にも強く、繁殖力が強いため、分布を広げています。在来のカタツムリのくらしをおびやかしたり、農作物に被害をおよぼしたりしています。

食用として導入された

アフリカマイマイは、1932年ごろにシンガポールから台湾経由で沖縄に食用として輸入され、養殖されはじめました。第二次世界大戦末期に、野外に逃げだしてふえたり、食料としてほかの島々にも持ちだされました。

ナメクジ駆除剤などで駆除する

アフリカマイマイは、ナメクジ駆除剤などを畑のまわりなどにまいて駆除できます。しかし、この方法は在来の陸貝も殺してしまうため、在来種がいないところでしかつかえません。鹿児島県の本土では、駆除されました。

成長がはやく、繁殖力が強い

温暖な気候下では成長がはやく、1年で成体になります。10日周期で、100〜1000この卵を産み続け、5年ほど生きます。また、日本にはアフリカマイマイの天敵となる生き物がいないため、大発生しました。

アフリカマイマイ（柄眼目アフリカマイマイ科）
Achatina fulica

殻高15cm以上　アフリカ東部　南西諸島、小笠原諸島；東南アジア、インド洋、太平洋の島々、カリブ海沿岸　重点対策外来種　ほぼあらゆる植物を食べる。農作物への被害が大。

◀ヤツデの葉の上をはっているアフリカマイマイ。

♠大きさ ♣原産地 ♦移入地（日本；日本以外） 🛑日本での評価 🟢海外での評価 ★影響や害

陸にすむ貝類を食べる

特定外来生物　生態系被害防止外来種　世界ワースト100

ニューギニアヤリガタリクウズムシ

どうやって日本に来た：アフリカマイマイの駆除のため

ニューギニアヤリガタリクウズムシは、プラナリアのなかまで、地面や木の上でくらします。太平洋やインド洋の島々で、アフリカマイマイを駆除するために導入されてきました。日本では1990年に沖縄島で発見されたのが最初で、現在は南西諸島の一部と小笠原諸島に定着しています。

なぜ害が出る：肉食性でカタツムリを食べる

繁殖力が強く、生後数週間で繁殖をはじめてふえます。動きがはやく肉食性なので、アフリカマイマイよりもつかまえやすい在来のカタツムリを簡単につかまえて食べ、大きな被害が出ています。

どのように対策をとる：くつの泥を落として塩水で洗う

塩分と乾燥に弱いので小笠原諸島父島では、くつの泥を落として塩水で洗ってかわかすことで、ほかの島に広がるのを防いでいます。

ニューギニアヤリガタリクウズムシ
（三岐腸目 ヤリガタリクウズムシ科）
Platydemus manokwari
♠体長40〜65mm ♣ニューギニア島 ♦沖縄島など、小笠原諸島の父島；オーストラリア、太平洋とインド洋の島々 🛑緊急対策外来種 ★島の固有種の陸貝を食害し、激減させた。

自分より小さなカタツムリを食べる

特定外来生物　世界ワースト100　生態系被害防止外来種　日本ワースト100

ヤマヒタチオビ

どうやって日本に来た：アフリカマイマイの駆除のために導入された

ヤマヒタチオビは肉食性のカタツムリで、森林や草原などの湿った場所にすんでいます。1960年代、アフリカマイマイを駆除する目的で、小笠原諸島の父島に導入されました。

ヤマヒタチオビ
（柄眼目 ヤマヒタチオビ科）
Euglandina rosea
♠殻高約6cm ♣アメリカ合衆国南東部 ♦小笠原諸島の父島；全世界の暖温帯地域 🛑重点対策外来種 ★島の固有種の陸貝を捕食して、激減させた。

なぜ害が出る：肉食性でカタツムリを食べる

肉食性ですが、自分よりも大きなカタツムリをとらえることはできず、アフリカマイマイの駆除には役立ちませんでした。そればかりか、在来のカタツムリをつかまえて食べてしまい、絶滅してしまった種もあります。

どのように対策をとる：ニューギニアヤリガタリクウズムシに食べられる

ヤマヒタチオビは、一時は数がすごくふえました。しかし、同じ目的であとから父島に入ってきたニューギニアヤリガタリクウズムシに食べられ、最近は数が激減しているようです。

メモ　ニューギニアヤリガタリクウズムシとヤマヒタチオビの被害は、アフリカマイマイの駆除がまねいた、さらに大きな悲劇です。

19

生物をもって生物を制す

ある生物を、その生物に対する天敵や病原菌などをつかってへらす試みは、農作物の害虫などで行われ、効果が出ているものが多くあります。でも、失敗するとたいへんなことになります。

世界中に導入されているベダリアテントウ

ベダリアテントウは、オーストラリア原産の小型の肉食性テントウムシです。幼虫も成虫も、ミカン類の害虫であるイセリヤカイガラムシをおもに食べます。このため、かんきつ類の害虫として世界中に広まったイセリヤカイガラムシの天敵として19世紀末にアメリカに導入され、そこで大きな成果をあげて世界中に導入されるようになりました。

日本でも、20世紀はじめにイセリヤカイガラムシが侵入すると、台湾でふやしたベダリアテントウを導入し、成果をあげています。

▲かんきつ類の葉についたイセリヤカイガラムシを食べるベダリアテントウ。日本に定着して野生化しています。

天敵を利用する生物農薬

イセリヤカイガラムシに対するベダリアテントウのように、害虫をへらす農薬として天敵を利用する場合、この生物を「生物農薬」とよぶことがあります。

生物農薬には、害虫を食べるもののほか、害虫を病気にするもの、害虫に寄生して殺すもの、害虫を殺す毒を出すものなど、いろいろなタイプの生物が利用されます。

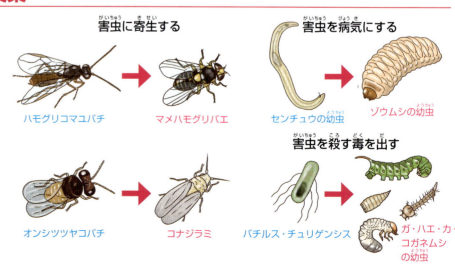

 生物農薬がきくのは、ほかの生物を攻撃することはなくて、その害をもたらす外来生物だけを攻撃する生物を導入したときです。

導入する生物に対する注意

海外の生物を天敵として導入するときは、それまでいなかった場所に、あらたな生物を入れることになります。その影響をきちんと調べておかないと、とりかえしのつかない事態をまねいてしまうこともあります。

- 目的とする害虫以外にどんな生物の天敵となる可能性があるか？
- 本当に害虫を食べたり殺したりすることができる生物か？
- 繁殖のいきおいや、分布を広げるはやさはどれくらいか？
- 近縁の種類に、どのような影響があるか？

失敗による深刻な影響

事前の調査が不十分なまま、害虫や害獣を駆除するために、天敵となる生物を導入して失敗した例はたくさんあります。なかでも、フイリマングース（12ページ）やカダヤシ（16ページ）、オオヒキガエル（17ページ）、ニューギニアヤリガタリクウズムシやヤマヒタチオビ（19ページ）などは、駆除にもひじょうに手間がかかり、在来の希少種や固有種に大きな影響をおよぼしています。

フイリマングースの影響をうけた生物
- 希少種や固有種の減少
- 養鶏場への被害
- 農作物への被害

カダヤシの影響をうけた生物

メダカなどの固有種の減少

オオヒキガエルの影響をうけた生物
- 希少種や固有種の減少
- 毒による動物への被害
- 飲料水の水質汚染

ニューギニアヤリガタリクウズムシ・ヤマヒタチオビの影響をうけた生物

希少種や固有種の減少

メモ：シカの駆除のためにオオカミを導入する話がありますが、オオカミはシカだけを食べるわけではありません。

昼間に昆虫を食いあらす
グリーンアノール

特定外来生物 **日本ワースト100**
生態系被害防止外来種

グリーンアノールは小型のイグアナのなかまで、小笠原諸島の父島と母島、沖縄島にすみついています。とくに小笠原諸島では数が多く、固有種や希少種の昆虫などを食いあらし、絶滅の危機に追いこんでいます。

❓どうやって日本に来た
ペットとして持ちこまれたものが逃げて野生化した

グリーンアノールは、アメリカ軍の兵士がペットとして持ちこんだものや、アメリカ軍の物資にまぎれて運ばれたものが逃げだして野生化したと考えられています。父島には1960年代後半、母島には1980年代初め、沖縄には1980年代の終わりに持ちこまれたようです。

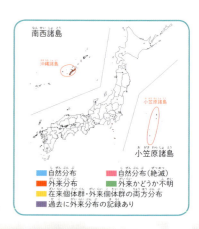

南西諸島

■自然分布　■自然分布（絶滅）
■外来分布　■外来かどうか不明
■在来個体群・外来個体群の両方分布
■過去に外来分布の記録あり

▼父島のメインストリートの植えこみで日光浴しているグリーンアノール。昼行性で、人をおそれないので、あちこちでふつうに見かけます。

♠大きさ ♣原産地 ◆移入地（日本；日本以外） ⬛日本での評価 ⬛海外での評価 ★影響や害

グリーンアノール（有鱗目イグアナ科）
Anolis carolinensis
♠全長おす18～20cm　めす12～18cm　♣北アメリカ
◆小笠原諸島、沖縄島；ミクロネシア、ハワイ諸島、ヤップ、パラオなど　⬛緊急対策外来種　★昆虫類や節足動物の固有種を捕食、在来種のトカゲと競い合う。

なぜ害が出る：樹上にすんでいて敵につかまりにくい

小笠原諸島では、オガサワラノスリやイソヒヨドリなどの鳥がグリーンアノールの天敵ですが、樹上にすむためつかまりにくく、そのほかに天敵がいません。父島には400万びきもいると考えられています。

樹上や地上にすむ昆虫類と固有種のオガサワラトカゲの被害が多く、トンボやセミ、カミキリムシのなかまなどに深刻な被害が出ています。

▶固有種のトンボを食べるグリーンアノール。

どのように対策をとる：行動範囲をかぎってわなでとらえる

グリーンアノールは、粘着シート型のわなをしかけることでわりあい簡単につかまえることができます。フェンスで区画を区切ってグリーンアノールの行き来を制限してわなをしかけるという工夫をしています。

また、新しい場所に侵入すると、爆発的にふえていくので、周囲の島々に分布を広げないよう、港などでの防除をしています。

▲粘着シート型のわなにつかまったグリーンアノール。

メモ：小笠原諸島は鳥が非常に多く、グリーンアノールは鳥のえさになっています。

23

くずれやすい小笠原諸島の自然

小笠原諸島の自然は、世界的に見ても固有種の割合が非常に高いのが特徴です。とても微妙なバランスの上に成り立っていて、外からの力が加わると簡単にくずれてしまいます。

陸地から離れ、孤立した世界

小笠原諸島は、東京23区から約1000kmの太平洋上にある島々で、海底火山の隆起によってできた海洋島です。飛んできた鳥や昆虫、漂着物にのって流れ着いた生物が定着して独自の進化をしているので、固有種が非常に多くいます。強力な捕食者がいない生態系に、人間が連れてきたヤギやネコ、クマネズミ、グリーンアノール、ニューギニアヤリガタリクウズムシなどが入りこむことで、このバランスがくずれ、希少な在来種がへったり、絶滅したりして、大きな問題となっています。

▲小笠原諸島の父島。小笠原諸島でもっとも大きく、人口も多く、外来生物の被害が大きい島です。

◀母島の森。シダ類や照葉樹がおい茂り、豊かな自然が豊富に残っているように見えますが…。

小笠原諸島

メモ　小笠原諸島父島に行くのには船で約1日かかります。

外来種によって数がへっている小笠原の固有種

　小笠原諸島は、もともと生き物がおらず、ほかから流れ着いたり飛んで来たりしてすみついたものが、進化してきました。そのような生き物でつくられている自然は、貧しくて弱いものです。

　そのような自然なので、外来種のグリーンアノールやオオヒキガエルがやってくると、固有種のチョウやセミ、カミキリムシ、トンボ、オガサワラトカゲなどが激減しました。ニューギニアヤリガタリクウズムシによって、カタマイマイ類などのカタツムリが深刻な被害をうけています。

▲オガサワラトカゲ

▲オガサワラシジミ

▲オガサワラゼミ

▲シマアカネ

▲オガサワラキイロトラカミキリ

▲クチベニカタマイマイ

小笠原の森があぶない

　リクヒモムシという体長6cmほどの生物によって、小笠原諸島の森が危機におちいるかもしれないといわれています。このヒモムシは1980年代に小笠原諸島に侵入した外来生物です。

　この生物によって、ワラジムシやヨコエビなどの落ち葉の分解者が食べられ、父島と母島で絶滅状態になっています。落ち葉の分解が弱まり、森の土の栄養分が不足すると、小笠原諸島の森林が大きな影響をうけることになります。

▲ワラジムシをつかまえて体液を吸っているリクヒモムシの1種。

メモ　小笠原諸島は、昆虫の数が非常に少ないところです。

オオクチバス

生きものの種類が少ない水域をつくる

特定外来生物 / 世界ワースト100 / 生態系被害防止外来種 / 日本ワースト100

「ブラックバス」ともよばれるオオクチバスは、日本各地の湖や沼などに、広く定着しています。この魚がすみついたため、昔から日本にいる魚や水生昆虫がへっています。

❓ どうやって日本に来た　食用にするため

オオクチバスはもともと、食用などにするために、1925年に芦ノ湖に放流され、そのあとにも山中湖などいくつかの湖に放流されました。

1945年にアメリカ軍が進駐すると、兵士がこの魚を釣るようになって、さらに放流される場所が広がり、日本人の間でもバス釣りが流行するようになりました。湖や沼に放す人も出てきて、すむ場所が全国に広がりました。

▲芦ノ湖。日本で最初にオオクチバスが放流された場所で、現在も漁業協同組合の管理下で放流が認められていて、バス釣りを楽しむ人が多数訪れています。

▼釣り上げたオオクチバス。

♠大きさ ♣原産地 ◆移入地（日本；日本以外）日本での評価 海外での評価 ★影響や害

なぜ害が出る　どん欲で敵がいない

オオクチバスは、大きな口で魚などをいっきに飲みこんで食べます。ザリガニも好きで、飲みこんだあとに口の中でかみつぶして食べます。このような食べ方をする魚は、日本の湖や沼にはいませんでした。

▲卵を守るオオクチバスのおす。

▲モツゴを飲みこむオオクチバス。

日本の湖や沼には、オオクチバスの敵がほとんどいません。また、ほかの魚に食べられやすい卵もおすが守るので、食べられることが少なくなっています。そのため、親魚がすみつくと、いっきに数がふえます。

どのように対策をとる　つかまえる・水をぬく

オオクチバスだけをつかまえることが大事です。以前はキャッチ＆リリース（釣ったあとに魚を放す）が行われていましたが、現在は禁止されているところがあります。

小さな池などでは、水を全部ぬいて魚をとらえ、オオクチバスなどの外来種をとりのぞいて、在来種だけを池にもどすことも行われています。

オオクチバス（スズキ目サンフィッシュ科）
Micropterus salmoides
♠全長30～50cm ♣北アメリカ ◆日本全国；ほぼ全世界 緊急対策外来種 ★在来魚の捕食。

にたタイプの外来種
コクチバス（スズキ目サンフィッシュ科）
Micropterus dolomieu
♠全長30～50cm ♣北アメリカ ◆福島県、栃木県、長野県、滋賀県、奈良県；ヨーロッパ、アフリカ、中央アメリカ、ハワイ諸島 特定外来種、緊急対策外来種 ★在来魚の捕食。

▲水がぬかれた池（秋田県雄勝郡）
▶とりのぞかれた外来種。

メモ　コクチバスは、流れのある川と水が冷たいところにもすむことができます。

日本の湖や沼の生き物のつながり

オオクチバスなど、ほかの生き物を食べる外来種は、生き物のつながりの中でふえていきます。では、日本の湖の生き物のつながりはどうなっているのでしょうか。

バランスがとれた生き物の世界

生き物の世界は、「食う・食われる」というつながりでできている世界です。弱い植物プランクトンや水草などをミジンコやほかの動物プランクトン、エビなどが食べ、またそれを魚が食べるしくみになっています。

最初に食べられる植物プランクトンや水草は数がとても多いですが、次に食べる生き物の数はへり、最後近くのナマズやコイはかなり少なくなり、それを食べるミサゴやアオサギはさらに数が少なくなります。

水辺の高次捕食者
アオサギやミサゴは、中型から大型の魚を食べます。これらの水辺の鳥類は、イタチやキツネなどの肉食性ほ乳類（水辺の最終捕食者）に食べられます。

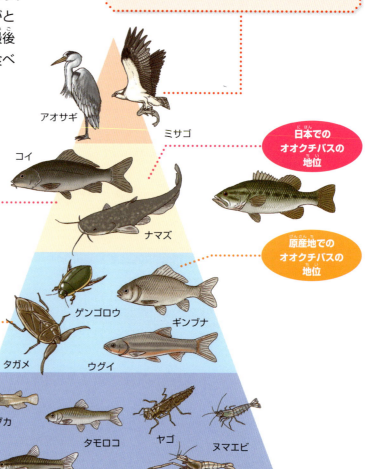

湖の生き物のつながり

湖の最終捕食者
ナマズやコイは、湖の中では無敵です。そして、あまり数はいません。数が多いと、ほかの生き物を食べてへらしてしまうので、結局、自分たちも食べるものがいなくなってへってしまうからです。

湖の高次捕食者
ゲンゴロウやフナ、ウグイなどはナマズなどに食べられます。あるていどふえる力がある方が生き残れます。オオクチバスは原産地では、ワニやアリゲーターガーに食べられるので、ここに入ります。

湖の低次捕食者
メダカ、エビ、ヤゴなどは大きな魚によく食べられます。ふえる力がかなりあります。

湖の一次捕食者
植物プランクトンや生き物の死体が粉々になったものなどを食べます。爆発的にふえる力をもっています。

 オオクチバスは、原産地では天敵がいるので、いる数がほぼ決まっています。日本では天敵がいないので、一気にふえます。

オオクチバスによってへってしまった生き物

▲ギンブナ

▲ゲンゴロウ

▲ゼニタナゴ

▲モツゴ

▲ヌカエビ

最終捕食者なのに、ふえる力も強い

オオクチバスは、日本では最終捕食者になっていますが、原産地のアメリカでは最終捕食者ではないため、ふえるための強い力があります。そして親が卵を守る習性があることで、さらにふえやすくなっています。

日本には、ゲンゴロウや、モツゴやフナなどを食べる生き物がほとんどいなかったのですが、オオクチバスがどんどん食べてしまうので、被害が大きくなりました。

▲タモロコをおそうオオクチバス。

バランスがとれた日本の生き物の世界に入れないオオクチバス

オオクチバスは、日本では最終捕食者でありながら、ふえやすい魚なので、放された湖などでは爆発的にふえます。湖にいる在来種は新しくあらわれた敵に食べられて、すぐにへってしまいます。

湖がオオクチバスだらけになると、ほかに食べる生き物がいなくなるので共食いが起こり、オオクチバスもへっていきます。その結果、少しのオオクチバスと少しの生き物しかいない、バランスがくずれた湖になってしまいます。

❶オオクチバスが放される。

❷日本の生き物を食べる。

❸日本の生き物がへる。

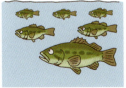
❹オオクチバスだらけになる。

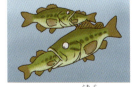
❺オオクチバスが共食いをする。

❻少しのオオクチバスと少しの生き物しかいなくなる。

滋賀県のある高速道路のサービスエリアでは、オオクチバスの身をつかった、「バスバーガー」というものを売っています。

食用として日本に来た生物

食用にするために日本に来て、自然に放たれた生物や、飼育されていたものが逃げて野生化した生物がたくさんいます。なかには、日本の自然に害をおよぼすようになったものもいます。

今も食料として利用されている淡水魚

食用として利用するために日本に移入され、養殖された歴史がある魚は多くいます。なかでもニジマスやブラウントラウト、カワスズメ、チャネルキャットフィッシュなどは、現在も食用や釣り魚として、日本各地の池や湖などで飼育されています。

これらの養殖魚には、野外に逃げだしたり、放流されたりしたものが日本の自然の中で繁殖し、ふえているものがいます。また、コイのように、日本の在来種のように見えて、じつは外来種の系統の方が多く見られるようなものまでいます。

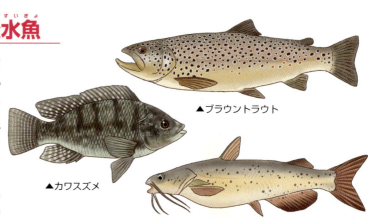

▲ブラウントラウト
▲カワスズメ
▲チャネルキャットフィッシュ

▼養殖場のニジマス。食用や釣り用に各地で養殖されています。これまでは、さかんに放流も行われていました。

▲釣りあげられたニジマス。

食用にしようとしたが利用されなかったもの

　食用として利用しようと海外から移入され、当初は積極的に放流されたり養殖されたものに、ウシガエルやソウギョ、ハクレン、ブルーギル、スクミリンゴガイ（ジャンボタニシ）などがあります。これらは、食用に利用しようとしましたが、実際はあまり利用されず、放置されたり逃げだしたりするものがふえました。なかには、広範囲に広がってふえ、環境や農作物に害をおよぼすようになったものもいます。

▲水田の泥の上をはっているスクミリンゴガイ。東南アジアでは食用にしています。

◀ウシガエル。水田や小川、池や沼など、さまざまな場所で見られます。アメリカ合衆国などでは、食用にしています。

▲水草を食べているソウギョ。池や堀などにも放流されていて、よく見かけます。中国では高級な食用魚です。

📝メモ　日本では、淡水の魚介類は人気がないようです。泥くさいといわれていますが、泥ぬきをするとおいしいものもあります。

31

十数ひきが全国に広まった
ブルーギル

特定外来生物　日本ワースト100　生態系被害防止外来種

ブルーギルは、ほぼ日本全国に定着していますが、そのもとは北アメリカから連れてこられた、わずか十数ひきほどの成魚です。放流されたり、飼育していたものが逃げだしてふえています。

❓ どうやって日本に来た　食用などにするため

日本に入ってきたブルーギルは、1960年にシカゴ水族館から寄贈された魚を、1962年ごろから滋賀県などの水産試験場などが真珠養殖の母貝を育てるために試験的に養殖したり、食用に養殖を試みたりしました。また、1964年には静岡県の一碧湖へ釣り魚用に放流され、その後、各地に放流されるようになりました。

▶一碧湖。静岡県伊東市にある湖で、釣り用としてブルーギルが日本で初めて放流された場所です。

なぜ害が出る　旺盛な繁殖力でふえる

ブルーギルは、おすがなわばりの中にすりばちのような巣をつくり、そこにたくさんのめすが産卵します。さらに、卵や稚魚をおすが守るので、たくさんの子が育ちます。

食欲がすごく、小魚や水生動物を食べたり、なわばりをつくってほかの魚のすみ場所をうばったり、水草や藻類を食いあらしたりすることもあります。

どのように対策をとる　卵を守るおすをつかまえる

ブルーギルの産卵巣は水深1mほどにつくられるので見つけやすく、巣を守っているおすをつかまえれば卵や稚魚がほかの魚などに食べられるため繁殖をおさえられます。また、人工産卵巣をしずめて産卵させ、産卵巣ごと卵をとりのぞく方法も行われています。

ブルーギル（スズキ目サンフィッシュ科）
Lepomis macrochirus

🌱全長25cm　♣北アメリカ東部　◆日本全国；世界各地　🆘緊急対策外来種　◇中国では食用に養殖　★在来魚の捕食や水草・藻類の食害。

◀くいにとまったギンヤンマをおそおうとしているブルーギル。

🔺 大きさ　♣ 原産地　◆ 移入地（日本；日本以外）　⬢ 日本での評価　⬢ 海外での評価　★ 影響や害

さかんに養殖されているが要注意！
ニジマス

`生態系被害防止外来種` `日本ワースト100` `世界ワースト100`

❓ どうやって日本に来た　食用魚として導入された？

ニジマスは1877年に北アメリカから卵が寄贈され、東京で飼育がはじめられました。その後、食用として日光の中禅寺湖や滋賀県の養殖場で養殖がはじまり、昭和になって全国各地で養殖や放流が行われました。北海道ではほぼ全域に定着しています。

❗ どのように対策をとる　かわりとなる在来魚種を検討

これ以上の導入をやめるために、かわりに導入できる在来の魚種を検討する必要があります。

✺ なぜ害が出る　在来の魚のすみ場所をうばう心配

イワナやヤマメ、アメマスやイトウなどの在来魚と、食べ物やすみ場所をめぐって競合する心配があります。また、産卵するときに、これらの魚の卵や稚魚がかくれている場所を掘りかえすことも考えられます。

> **ニジマス**（サケ目サケ科）
> *Oncorhynchus mykiss*
> 🔺 全長25cm（陸封型）　♣ カムチャツカ半島～バハ・カリフォルニアまでの太平洋岸　◆ 北海道、東京都、和歌山県、中国地方；ほぼ世界各地　⬢ 産業管理外来種　★ 在来のサケ科魚類の繁殖の妨害など。

ニジマスの卵にまじって侵入！
ブラウントラウト

`生態系被害防止外来種` `世界ワースト100` `日本ワースト100`

❓ どうやって日本に来た　卵がまざって侵入

ブラウントラウトは、明治時代初期から導入されたニジマスやカワマスの卵にまざって北アメリカから日本に入ってきました。その後、長野県や芦ノ湖にも放流されて、定着しています。最近では釣り目的で各地で卵が放流され、それらがふえています。

> **ブラウントラウト**（サケ目サケ科）
> *Salmo trutta*
> 🔺 全長1m　♣ ヨーロッパ～西アジア　◆ 北海道、秋田県、栃木県、神奈川県、山梨県、長野県、富山県、南西諸島、小笠原諸島；世界各地　⬢ 産業管理外来種　★ 在来魚類を捕食。

✺ なぜ害が出る　在来の魚のすみ場所をうばう心配

在来の小魚や稚魚を食べるため、獲物をめぐる競争で同じような場所にすむサケ科の魚のすみ場所をうばう心配があります。

❗ どのように対策をとる　放流中止と親魚をつかまえる

これ以上の放流を行わないことと、産卵期に海からもどってくる親魚をつかまえて、産卵をさせないことで、駆除できます。

📝 メモ　ニジマスが産卵する時期は、イワナなどの産卵する時期よりおそいため、イワナなどの卵や稚魚を掘りかえしてしまいます。

33

日本への侵入生物

在来種に見えるがほとんどが外国から
コイ

世界ワースト100

コイは日本在来の魚ですが、現在日本で見られるコイのほとんどは、外国産のものやそれらと在来種の雑種です。古くから食用や水草の除去用、観賞用などに放流されていて、ほぼ全国的に定着しています。また、観賞用の錦鯉も用水路や沼などで野生化しているものがいます。

❓ どうやって日本に来た：食用などにするため

もともとは、西日本を中心に在来のコイがすんでいましたが、食用などの目的で各地に移殖され、明治時代以降はアジアやヨーロッパなど大陸系のコイも、食用や水質浄化などのために移殖されました。

▶川岸の浅瀬に集まって産卵行動をしているコイ。1回に数十万粒の卵を産みます。

 よくふえ、よく食べる

コイは、よごれた水や塩分がまじった水でも元気にくらすことができ、繁殖力もあります。寿命は数十年といわれ、とても大型になります。雑食で水底の貝やミミズ、水生昆虫、魚卵などのほか、水草や藻まで、手当たりしだいに食べ、水底の生物をほとんど食べつくしてしまうこともあります。また、在来種との雑種をつくるため、純粋な在来種がいなくなってしまいます。

 放流を規制して在来種を守る

全国各地に外国産のコイが広がっている状態です。まず、コイの放流を規制し、つかまえて数をへらしていくことが第一です。とくに、在来種の残っている場所では、積極的に駆除して、雑種をつくらないようにすることが大切です。

◀都市部の川に放流されてふえている観賞用の錦鯉。

◀流れのゆるやかな場所に群れているコイ。あたたかい水が好きで、冬は水底の深みに集まります。

♠大きさ ♣原産地 ◆移入地（日本；日本以外） 🅓日本での評価 🅞海外での評価 ★影響や害

コイ（コイ目コイ科）
Cyprinus spp.

♠全長60㎝ ♣黒海、カスピ海、アラル海にそそぐ川、中国、ベトナム、日本 ◆日本全国；世界各地 🅓なし ★底生生物の捕食や水草・藻類の食害、水質の劣化、在来の系統との交雑。

日本在来のコイ

日本在来のコイは、もともとは西日本にすんでいたと考えられています。大陸系のコイや飼育されているものに比べ、丸太のように太くて長い体型をしています。琵琶湖の水深が20m以上より深い水域にしか残っていません。

神奈川県立生命の星・地球博物館提供／瀬能 宏撮影

温泉の排水に群がる
カワスズメ

生態系被害防止外来種
世界ワースト100

- 自然分布
- 自然分布（絶滅）
- 外来分布
- 外来かどうか不明
- 在来個体群・外来個体群の両方分布
- 過去に外来分布の記録あり

❓ どうやって日本に来た　食用の養殖魚として移入

カワスズメは、1945年、食用にするため、タイから移入され、南西諸島や小笠原諸島、九州などで養殖されました。あたたかな水温を好み、塩分のある水質に強く、河口域や温泉の排水が流れこむ川や池などに定着しています。

カワスズメ（モザンビークティラピア）
（スズキ目カワスズメ科）*Oreochromis mossambicus*

♠全長36㎝ ♣アフリカ南東部 ◆北海道、鹿児島県、沖縄諸島、石垣島、小笠原諸島；世界各地 🅓その他の総合対策外来種 ★在来魚との食物・産卵場所を競い合う。

☀ なぜ害が出る　条件が合えば一年中繁殖し、口の中で卵と稚魚を保護

親が卵と稚魚を口にくわえて保護する魚で、水温が25℃以上あれば一年中繁殖してふえます。在来魚と食物をあらそったり、産卵場所のとり合いをしたりします。

にたタイプの外来種

ナイルティラピア（スズキ目カワスズメ科）
Oreochromis niloticus

♠全長50㎝ ♣エジプト ◆鹿児島県（池田湖）、沖縄諸島、小笠原諸島；世界各地 🅓その他の総合対策外来種 ★在来魚との食べ物、産卵場所を競い合う。

❗ どのように対策をとる　放流中止と親魚をとらえる

これ以上の放流を行わないことと、産卵期に卵をくわえている親魚をつかまえて、繁殖をさせないことで、駆除できます。

 北アメリカでは、コイを食べることがありません。つかまえられることがないのでふえつづけ、コイが在来の水生生物に悪い影響をあたえています。

水草を食いあらす ソウギョ

生態系被害防止外来種 / 日本ワースト100

どうやって日本に来た？ 食用や除草につかう魚として導入？

ソウギョは1878〜1955年にかけ、食用や水草の除草、釣り魚として中国から移入され、全国各地で放流されて利根川・江戸川水系に定着し、繁殖しています。川で産卵はしても卵がふ化する前に海まで流れてしまうので、ほかの川では繁殖はしていません。

なぜ害が出る 在来の魚のすみ場所をうばう心配

寿命が長く、水草を大量に食べるので、在来の水草が食害され、そこで繁殖する魚などに影響をおよぼします。

ソウギョ（コイ目コイ科）
Ctenopharyngodon idellus

♠全長140cm ♣中国、ベトナム、アムール川 ◆霞ヶ浦と利根川・江戸川水系で繁殖、放流されたものが各地に生息；アジア各地、ヨーロッパ各地、北〜南アメリカ、アフリカ、ニュージーランド ◎その他の総合対策外来種 ★水草を食害し、在来の魚の繁殖をじゃまする可能性。

にたタイプの外来種

アオウオ（コイ目コイ科）
Mylopharyngodon piceus

♠全長130cm ♣中国、ベトナム ◆霞ヶ浦・北浦、利根川・江戸川水系で繁殖；ベトナム、中央アジア、北アメリカ、キューバ、東ヨーロッパなど ◎その他の総合対策外来種 ★在来魚との食物・産卵場所の競合。

ハクレン——駆除する？ 残す？

ハクレンは、ソウギョの卵にまじって日本に侵入しました。1943年と45年には、食用や水質改善の目的で利根川に放流され、利根川・江戸川水系で繁殖、定着しました。また、同じ目的で、各地で卵が放流され、育ったものが本州から九州各地で見られます。

ハクレンは植物プランクトンや、水に浮いた植物を食べる魚で、ほかの水生生物への影響は少なく、一部の地域では水質の浄化に役立ってもいます。駆除すべきかどうか、いろいろな意見があります。

▲初夏の繁殖期に川の中流部に集まってきたハクレン。物音などに反応して、さかんに水面からジャンプします。

ハクレン（コイ目コイ科）
Hypophthalmichthys molitrix

♠全長120cm ♣東アジア、ベトナム ◆本州、四国、九州；アジア・ヨーロッパ各地、アフリカの一部、アメリカ合衆国など ◎その他の総合対策外来種 ★在来の魚への影響はほとんどない。

メモ ソウギョは流れのゆるやかな大陸の川にいます。それにあたるのが利根川と江戸川だけで、ほかには放流したものだけがいます。

♣大きさ ♣原産地 ♦移入地（日本；日本以外） 🟥日本での評価 🟢海外での評価 ★影響や害

オオクチバスよりふえた！
チャネルキャットフィッシュ

特定外来生物　生態系被害防止外来種

❓どうやって日本に来た　食用魚として導入された

1971年に、アメリカ合衆国から食用に輸入され、各地の水産試験場などで養殖され、釣り堀などに放流されました。それらが逃げだしたり放流されたりしました。霞ヶ浦ではオオクチバスよりもすごいいきおいでふえたこともあります。

❇なぜ害が出る　在来魚のすみ場所をうばう心配

チャネルキャットフィッシュは、巣をつくっておすが卵を守るため、繁殖力があります。子どものうちは水生昆虫を食べ、成長すると水草や、エビや魚、カエルなど、さまざまなものを食べます。

❗どのように対策をとる　地道につかまえる

釣りや定置網やひき網などをつかった漁によってつかまえて駆除していくのと同時に、現在の生息地からほかへ持ちださないことがたいせつです。

チャネルキャットフィッシュ（ナマズ目イクタルルス科）
Ictalurus punctatus
♣全長1m以上　♣北アメリカ　♦霞ヶ浦、北浦、利根川水系、琵琶湖、島根県、福島県、岐阜県、愛知県、群馬県 など；フィリピン、ウズベキスタン、アルメニア、ロシア、イタリア、ブルガリア、メキシコ、プエルトリコ、ハワイ諸島 など　🟥緊急対策外来種　★在来の水生生物や水草の食害。

地面をはって移動もできる
ウォーキングキャットフィッシュ

生態系被害防止外来種　世界ワースト100

ウォーキングキャットフィッシュ（ナマズ目ヒレナマズ科）
Clarias batrachus
♣全長55㎝　♣東南アジア〜インド　♦沖縄島；北アメリカ、ニューギニア島、スラウェシ島、フィリピン、台湾　🟥その他の総合対策外来種　★在来水生生物を捕食。

❓どうやって日本に来た　日本では観賞魚

ウォーキングキャットフィッシュは、日本では観賞魚として飼育されていて、「クララ」という名前で流通しています。2000年代から沖縄諸島に定着していますが、どのように侵入したか、わかっていません。台湾やフィリピン、北アメリカでは食用や釣り用に導入されています。

❇なぜ害が出る　在来の魚のすみ場所をうばう

空気呼吸ができ、水温が高い場所ならよごれた水や、酸素が少ない水でもくらすことができるため、市街地の池や川にも定着しています。増水したときなど、地上をはって移動することもできます。食欲旺盛で、在来の水生生物を捕食し、すみ場所をうばう危険があります。

メモ　ナマズのなかまは、身があっさりした味なので、外国ではフライなどで人気があります。

37

食用だが日本では…
ウシガエル

特定外来生物 　世界ワースト100
生態系被害防止外来種 　日本ワースト100

ウシガエルは、食用に養殖するために、アメリカ合衆国南部から東京に移入されました。日本では、逃げだしたものが定着してふえ、ほぼ全国に広がっています。日本では、食材としてはほとんど利用されませんでした。

❓ どうやって日本に来た　養殖して食用に輸出するため

ウシガエルは1918年、アメリカ合衆国のルイジアナ州から東京へ移入されました。海外で食用としてつかわれるウシガエルを養殖し、輸出するのが目的でした。日本各地に養殖場がつくられ、そこから逃げだしたものが定着し、現在はほぼ全国で見られます。

▼池のハスの葉にのっているウシガエル。公園の池などでも、ふつうに姿を見かけます。

▲ルイジアナ州のフランス移民のケイジャン料理のウシガエルのフライ。アメリカやヨーロッパでは、カエルを食材にする料理が数多く見られます。

♠大きさ ♣原産地 ◆移入地（日本；日本以外）⊙日本での評価 ⊙海外での評価 ★影響や害

なぜ害が出る　体が大きく、口に入るものは何でも食べる

ウシガエルは体が大きく、口に入るものは何でも食べてしまいます。在来の水辺の生き物に影響をおよぼします。産卵期が長く、非常にたくさんの卵を産み、おたまじゃくしも大きく敵が少ないために、どんどんふえます。そのため、ほかのカエルのすみ場所や食べ物をうばっています。

▶アメリカザリガニに似せたルアーにとびついたウシガエル。原産地ではアメリカザリガニをよく食べますが、日本では水辺にいる昆虫やカエル、エビなどを食いあらします。

どのように対策をとる　見張る・つかまえる

ウシガエルは昼間は物かげにかくれていることが多いので、夜、わなをしかけてつかまえます。また、おたまじゃくしのまま冬を越すので、秋の終わりに池の水をぬいて、親やおたまじゃくしをつかまえてしまうのも効果があります。

▲池の中にしかけたわな。網の中におたまじゃくしやカエルが入ってきます。

▲池の水をぬいてへらし、網でカエルやおたまじゃくしをつかまえていきます。

ウシガエル（カエル目アカガエル科）
Rana catesbeiana

♠体長11〜18cm ♣北アメリカ ◆日本全国；ヨーロッパ、東南アジア、台湾、韓国 ⊙重点対策外来種 ⊙食用につかわれる ★在来の水生生物の捕食、在来のカエルと競い合う。

メモ　日本でもアカガエルを食べていました。ウシガエルの肉は、鶏肉のようなあっさりした味です。

70年で日本全国へ広がった
アメリカザリガニ

生態系被害防止外来種　日本ワースト100

アメリカザリガニはウシガエルのえさとして、移入されました。ほぼ全国の湖や沼の岸近くや、田んぼや用水路、貯水池などで見られ、冬には岸辺の土中にもぐって冬越しします。

❓ どうやって日本に来た
ウシガエルのえさ用に移入された

アメリカザリガニは、1929年にウシガエルのえさとするためにアメリカ合衆国から神奈川県に移入・養殖されるようになりました。養殖場から逃げだしたものが分布を広げ、ペットとして飼育されるようになり、さらに分布が広がり、20世紀の終わりにはほぼ全国に定着しました。

▶ウシガエルに食べられたアメリカザリガニ。原産地のアメリカ合衆国南部では、養殖用のウシガエルのえさとしてつかわれるほか、人間の食用になっています。

✴ なぜ害が出る
水のよごれに強く何でも食べる

アメリカザリガニは、よごれた水や高温水に強く、雑食で何でもよく食べます。また、水草やイネなどをひきぬいて、自分がくらしやすい環境をつくります。そのため、在来の生物をつかまえて食べたり、水辺の環境をかえて在来の生物のすみ場所をうばいます。また、ザリガニカビ病を広めニホンザリガニを減少させる危険もあります。

❗ どのように対策をとる
水ぬきしてとらえる

アメリカザリガニは、冬は水辺の土中にもぐって越冬し、寿命が数年あります。完全な駆除はむずかしい状況ですが、越冬前に水ぬきなどをしてつかまえたり、生息場所にかご網をしかけてつかまえることで、数をへらすことができます。

ペットとして飼育しているものを野外に放さないように、十分に注意することもたいせつです。

▲東北地方北部以南には在来のザリガニがすんでいなかったため、水田などが広がる環境に、急速に分布を広げました。

アメリカザリガニ（十脚目アメリカザリガニ科）
Procambarus clarkii

🔺体長15cm　♣アメリカ合衆国南部　❖沖縄をふくむ日本全土；中国、東南アジア、アジア西部、アフリカ、メキシコ、中央アメリカ、西インド諸島、南アメリカ　🆘緊急対策外来種　◐外国では食材としてつかわれている　★淡水の小動物などを捕食し、イネや水草を食いあらす。ザリガニカビ病を媒介し、ニホンザリガニに影響。

📝メモ　北日本以外では、在来のニホンザリガニはいません。多くのところでは、「ザリガニ」はアメリカザリガニのことです。

♠大きさ ♣原産地 ◆移入地（日本；日本以外） ◪日本での評価 ◫海外での評価 ★影響や害

ニホンザリガニをおびやかす
ウチダザリガニ

生態系被害防止外来種
世界ワースト100
日本ワースト100

ウチダザリガニ（十脚目ザリガニ科）
Pacifastacus leniusculus

♠体長15cm ♣北アメリカ ◆北海道、千葉県、長野県、福井県、滋賀県；ヨーロッパ ◪緊急対策外来種 ◫外国では食材としてつかわれている ★同じ冷温水を好むニホンザリガニと競い合う。体が大きいので駆逐する可能性がある。ザリガニカビ病を媒介しニホンザリガニに影響をおよぼす。

 食用種として導入された

1926～39年、アメリカ合衆国のオレゴン州から食用種として輸入され、各地の水産試験場にくばられ、滋賀県や北海道、福井県などで放流されました。冷たい水を好むザリガニで、北海道では摩周湖のものが逃げだしたり持ちだされたりして、北海道全体に広がりました。滋賀県のものは「タンカイザリガニ」ともよばれていますが、ウチダザリガニと同種とされています。

なぜ害が出る 在来のニホンザリガニのすみ場所をうばう心配

ウチダザリガニは在来のニホンザリガニより体が大きく、分布が重なる北海道では、ニホンザリガニのすみ場所をうばう可能性や、ザリガニカビ病を媒介する可能性があります。

▲在来種のニホンザリガニ。北海道と東北地方の北部に局地的に分布しています。

イネを食いあらす大きな巻き貝
スクミリンゴガイ

生態系被害防止外来種
世界ワースト100
日本ワースト100

 食用種として導入された

スクミリンゴガイは、ジャンボタニシともよばれる南アメリカ原産の大型の巻き貝です。1981年から、食用や水田の草とりなどの目的で移入され、西日本を中心に養殖されました。野外に逃げたものがふえ、関東地方以南の各地に定着しています。

スクミリンゴガイ（原始紐舌目リンゴガイ科）
Pomacea canaliculata

♠殻高5cm以上 ♣南アメリカ南西部 ◆関東地方・長野県以南；東南アジア、東アジア、ハワイ諸島など ◪重点対策外来種・検疫有害動物 ◫海外では食材としてつかわれている ★イネやレンコン、イグサなどの農作物を食害。

なぜ害が出る 成長がはやく、食欲が旺盛

スクミリンゴガイは、一年中繁殖し、成長がはやくて2か月で成体になって卵を産みます。食欲が旺盛で、イネやレンコン、イグサなどを食いあらします。

どのように対策をとる 取水口に網をつけて逃がさない

水田の取水口に網を設置して逃がさないようにします。銅の網や針金で産卵を防止できます。農薬などをつかった駆除も行われています。

 スクミリンゴガイの卵は赤いですが、この卵には毒があります。

すてられたペットや家畜が野生化

ペットや家畜として飼われていた動物がすてられたり、逃げだしたりして、野生化し、在来の生物に大きな影響をあたえることがあります。

自然の中でくらすペット

ペットや家畜は、自然の中で生きていくのはなかなかむずかしく、野生化するものは多くありません。しかし、日本の気候が生活に合っていたり、天敵が少なかったり、食べ物が豊富にあったりと、条件がそろうと、野生の中で生きのびて、ふえていくものもあらわれます。

▶水辺にあらわれたアライグマ。動物園やペットとして飼育されていたものが逃げだして定着しています。

▲ガビチョウ。飼育されていたペットが逃げだしたものが定着し、ふえて分布を広げています。

▲サクラの花を食べるクリハラリス。動物園などで飼育されていたものが逃げだして定着しています。

▲マダラロリカリア。飼育されていたものが野外にすてられ、水温が高い地域で生き残ってふえています。

野生化して一番問題が大きいのは、ノネコ(イエネコ)です。

▼ワカケホンセイインコ。ペットとして輸入されたものが大量に逃げだして、群れをつくって定着しています。

すてられたり放置されてふえる

飼っていたペットや家畜を、人間が自然の中にすてたり、放牧していたものなどを放置した結果、それらが野生化して定着する場合もあります。野生化して凶暴になったり、ふえたものが群れをつくって、ほかの生き物のすみ場所をうばうなど、いろいろな問題が起こります。人間が責任をもってペットや家畜を飼いさえすれば、こうした問題は起こらなくなります。

▶アカミミガメ。飼われていたペットがすてられ、全国各地でふえています。

▲すてられたペットのイヌが野生化したものが、群れをつくっています。人間からえさをもらったりはしていません。

メモ　野生化したイヌ（ノイヌ）は、日本で駆除されています。しかし、それが野生動物が人家付近までくるようになった原因という研究者がいます。

にたくらしをするものと競い合う

　ペットや家畜のなかには、在来の生物と同じような環境にすみ、同じようなくらしをするものもいます。野外に定着すると、すみ場所や食べ物などをめぐる競い合いが起こる場合があります。

競い合って在来の生物を追いつめる

　アライグマやアメリカミンクなどは、在来の生物のくらす場所に入りこみ、在来の生物の食べ物やすみ場所をうばってふえています。また、在来の生物に病気をうつしたり、在来の生物の病気にかかって、それをほかの場所に広めたりもします。

なぜ害が出る　食べ物をうばう、すみ場所をうばう、病気をうつす、病気を広める

アライグマ

アメリカミンク

VS.

タヌキ

ホンドギツネ / キタキツネ

ニホンイタチ

メモ　競い合って負けた在来種は、より自分が好きな環境をさがして生きのびます。

アカミミガメ

ニホンイシガメ

雑種をつくって在来の生物を追いつめる

　アカミミガメ（ミドリガメ）、コウライキジなどは、在来の生物の食べ物やすみ場所をうばったり、病気をうつします。また、コウライキジは、キジと雑種をつくることもあります。キジの場合は、雑種ばかりがふえて純粋な在来のキジがへってしまい、そのままだと雑種しかいなくなってしまうことになりかねません。

▲在来のキジと雑種をつくる。　　▲雑種がふえていく。　　▲雑種ばかりになり、在来のキジがいなくなる。

 なぜ害が出る　**食べ物をうばう、すみ場所をうばう、雑種をつくる**

コウライキジ

キジ

📝メモ　ニホンイシガメは気が弱く、ついアカミミガメに日光浴の場所をゆずってしまうとのことです。

45

山や森にすみついたイエネコ
ノネコ

生態系被害防止外来種 　世界ワースト100　日本ワースト100

ノネコは、飼われていたネコが逃げだしたり、すてられたりして野生になったもので、森や山などにすみついています。人間にまったくたよらずに自分で食べ物をさがしてくらしている点で、町や人間のまわりでくらしている野良ネコとはちがいます。

❓ どうやって日本に来た　ネズミをとらせて食糧を守るため

ネコは、倉庫の食糧を食べるネズミを退治するために、飼われるようになりました。日本では、平安時代よりも前から飼われていました。沖縄島などの島で野生化して問題になりはじめたのは1970年代ころからで、1990年代になると目撃される数がふえてきました。

▶ネズミをつかまえたネコ。食べるためだけでなく、遊びで獲物をつかまえることもあります。

✴ なぜ害が出る　希少動物を獲物にしたり病気をうつす

沖縄島や奄美大島、小笠原諸島や伊豆諸島では、山や森に希少動物がいます。ノネコは、それらの希少動物を獲物にしています。

また、西表島にすむイリオモテヤマネコや、対馬にすむツシマヤマネコに、ネコ免疫不全ウイルス（FIV）やネコ白血病ウイルス（FLeV）をうつす危険性もあります。

📝 メモ　ヨーロッパでは、ノネコ（イエネコ）とヨーロッパヤマネコの雑種がふえているとのことです。

ノネコによって影響をうけた生き物

▲オオミズナギドリ

▲ノグチゲラ

▲オキナワキノボリトカゲ

▲ケナガネズミ

▲アマミノクロウサギ

▲ヤンバルクイナ

❗ どのように対策をとる わなをしかけてつかまえる

ノネコによる被害をふせぐため、えさを入れたわなをしかけておびきよせ、つかまえるという方法が行われています。

▶被害のある場所にわなをしかけて、ノネコをつかまえます。
出典／南海日々新聞
2015年6月23日

ノネコ（イエネコ）（ネコ目ネコ科）
Felis catus

♠体長50〜60cm ♣家畜（西アジアで家畜化）。すてられたペットが野生化 ◆ほぼ日本全国；世界各地 🟥緊急対策外来種 ★在来の小動物を捕食し、希少動物を減少させる。ネコ免疫不全ウイルスや猫白血病ウイルスを広め、在来のヤマネコ類へうつす危険性。

にたタイプの外来種

ノイヌ（ネコ目イヌ科）
Canis familiaris

♠さまざま ♣家畜。すてられたペットや猟犬が野生化 ◆ほぼ日本全国；世界各地 🟥重点対策外来種 ★在来の動物の捕食。シカやアマミノクロウサギをおそっている。狂犬病を広め、キツネなどにうつす危険がある。

ノネコ（イエネコ）とイリオモテヤマネコ、ツシマヤマネコは、なかまとしてはちょっと離れた関係にあります。

気があらいからアライグマ？
アライグマ

`特定外来生物` `日本ワースト100`
`生態系被害防止外来種`

アライグマは、森林や畑、湿地などにすむタヌキににた動物です。前あしの指でものをじょうずにつかむことができ、しぐさがかわいらしいため動物園で人気があり、ペットとしても飼われていました。逃げだしたものや、すてられたものが各地に定着しています。

❓ どうやって日本に来た　動物園での展示やペットとして

1962年、愛知県の犬山市の動物園で飼われていたものが逃げだして野生化し、定着しました。1970年代になると、ペットとして人気が出て、日本各地で飼育されるようになりましたが、前あしの指を器用につかうため、ケージを開けて逃げだしたり、おとなになると気があらくなるためにすてられたりして、分布が広がりました。

アライグマ（ネコ目アライグマ科）
Procyon lotor

♣体長40～60cm ♣北アメリカ～中央アメリカ ♦ほぼ日本全国；ヨーロッパ各地、ロシア、ウズベキスタン、アゼルバイジャン、バハマ諸島など ⛔緊急対策外来種 ★雑食でタヌキやキツネなどが食物とする小動物を捕食し、農作物や生ごみも食いあらす。狂犬病、病原性レプトスピラ、アライグマ回虫を媒介する可能性。

✴ なぜ害が出る　農作物をあらしたりタヌキなどと争う

アライグマは雑食で、タヌキやキツネと同じような場所にすみ、食べ物もにています。おとなのアライグマは気があらく、タヌキやキツネを追いはらって、食べ物やすみ場所をうばってしまいます。在来の希少動物を食べたり、鳥の巣をこわして繁殖をさまたげたりもします。
また、農作物や養殖魚を食いあらしたり、建物に入りこんですみつくこともあります。また、人やほかの動物にうつる病気を運ぶこともあります。

❗ どのように対策をとる　わなをしかけてつかまえる

アライグマよる被害をふせぐため、えさを入れたわなをしかけておびきよせ、つかまえるという方法が行われています。

▲枝にのぼっているアライグマ。木のぼりも得意です。

◀アライグマに食べられたスイカ。長い指をつかって、じょうずに掘りだして食べます。

 アライグマは、顔がかわいくて、とあるアニメ番組でかわいらしいしぐさをえがかれて、一時期とても人気のある動物でした。

♠大きさ ♣原産地 ◆移入地（日本；日本以外）⬠日本での評価 ⬡海外での評価 ★影響や害

陸でも水中でも食べまくる
アメリカミンク

アメリカミンクは、水辺や湿地にすむイタチのなかまで、毛皮を利用するため、世界各地で養殖されています。日本でも北海道をはじめ、いくつかの地域で養殖が行われてきて、そこから逃げたものが定着しています。

特定外来生物
生態系被害防止外来種
世界ワースト100
日本ワースト100

？どうやって日本に来た：高級毛皮用に養殖するため

1928年に、北海道で養殖するために4頭が輸入され、各地に養殖場ができました。1960年代から、野生化したものの定着が確認されました。

なぜ害が出る：在来の水生動物や養鶏や養殖魚をおそう

アメリカミンクは、肉食性で泳ぐのがうまく、ザリガニや魚などの水生動物をつかまえて食べます。希少種のニホンザリガニが食害されたり、養殖されている魚を食害することもあります。また、養鶏場をおそってニワトリを食べることもあります。

アメリカミンク（ネコ目イタチ科）
Neovison vison
♠体長35～45cm ♣北アメリカ ◆北海道、宮城県、福島県、群馬県、長野県；中国、ヨーロッパ各地 ⬡重点対策外来種 ★在来の小動物やニワトリ、養殖魚の捕食。在来のサンショウウオの寄生虫を持ちこむ。

にたタイプの外来種

チョウセンイタチ（ネコ目イタチ科）
Mustela sibirica
♠体長25～40cm ♣ユーラシア大陸北部～中国・朝鮮半島、対馬 ◆本州中部地方以南、四国、九州の島々；世界各地 ⬡重点対策外来種 ★在来の動物の食害。果実・家畜の食害。ニホンイタチとの競合し、寄生虫を広める危険がある。

▲チョウセンイタチの親子。ニホンイタチによくにていますが、尾がとても長いのが特徴です。

▲アメリカミンクは泳ぐのが得意で、5mほどの深さまで水にもぐれます。

メモ：「ミンクのコート」はあたたかく、手ざわりもよくて、人気が高くて値段も高い商品でした。

島の木や草を食べつくす
ヤギ

生態系被害防止外来種　世界ワースト100　日本ワースト100

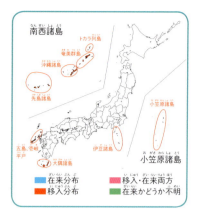

ヤギはあまり草が生えていないところでも育つため、島で飼われました。ノヤギは、家畜のヤギが逃げだしたり、すてられたりし、野生化して定着したものです。木や草を食べつづけ、地面をむきだしにしてしまうほど、環境を変化させてしまった地域もあります。

 飼われていた家畜が逃げたりすてられたり

ヤギは、南西諸島では15世紀ごろから、九州や四国、本州では19世紀半ばから家畜として飼育されていました。それらが逃げたり、すてられたりして野生化し、人目のとどきにくい島々で定着していきました。

> **ヤギ**（鯨偶蹄目ウシ科）
> *Capra hircus*
> ◆体重25〜45kg　◆家畜（西アジア）　◆小笠原諸島、南西諸島、伊豆諸島、五島列島；世界各地の海洋島　◆緊急対策外来種　★生態系の破壊、希少・固有植物を食べる。土壌流出による海洋汚染など。

 草木を食べつくして環境を破壊する

ヤギは草食のおとなしい家畜ですが、食欲が旺盛で、草や木をどんどん食べ、根まで掘り起こしてしまいます。さらに、掘り起こした土をふみつけて、植物が生えにくい状態にしてしまいます。すると、雨で土砂が流れて川や海をよごしたり、環境が変化して鳥の繁殖を妨害したりしてしまいます。

▲ノヤギの群れ。急な斜面でも行動できるので、人が行きにくい場所にものぼって植物を食べてしまいます。

▲ノヤギの群れに植物を食べつくされて、赤い土がむきだしになった小笠原諸島の媒島でのようす。現在はノヤギは駆除され、ふたたび植物が生えてきています。

 狩りとわなでつかまえる

ノヤギの駆除は、狩りをしたり、わなをしかけたりしてつかまえて、数をへらす方法がとられています。被害の大きかった小笠原諸島では、父島以外では駆除が完了しました。

 ヨーロッパでは、ヤギの乳をつかったチーズがあります。

♠大きさ ♣原産地 ◆移入地（日本；日本以外） ●日本での評価 ●海外での評価 ★影響や害

在来種も外来種になる
イノシシ

`生態系被害防止外来種` `世界ワースト100` `日本ワースト100`

ブタは国外のイノシシからつくられました。日本のイノシシは、九州以北にすむニホンイノシシと南西諸島にすむリュウキュウイノシシの2つの亜種に分けられます。このうち、ニホンイノシシがリュウキュウイノシシのすむ島に定着したり、ブタとの雑種（イノブタ）ができた可能性があります。

？どうやって日本に来た　イノブタをつくるため移入された

南西諸島では、家畜のブタと交配して味のよい雑種（イノブタ）を作るために、本土からニホンイノシシが移入されました。このうち奄美群島では、飼育されていたニホンイノシシや、ニホンイノシシの血をひくイノブタが逃げて定着しました。

イノシシ（鯨偶蹄目イノシシ科）
Sus scrofa
♠体長80〜160cm ♣家畜（北アフリカの一部からユーラシア大陸、日本）◆奄美群島、小笠原諸島弟島に野生化した家畜のブタ（ノブタ）が定着；南アフリカ、オーストラリア、北アメリカ〜南アメリカ、全世界の島々などに家畜のブタやイノブタが定着 ●重点対策外来種 ★農産物の食害。農地の破壊。交雑による純粋なリュウキュウイノシシの減少。

※なぜ害が出る　ニホンイノシシの血をひく雑種ができる

徳之島などではニホンイノシシは、島にすむ在来のリュウキュウイノシシと交雑し、体が大きな雑種をつくっている可能性があります。その結果、純粋なリュウキュウイノシシがどんどんへっていき、最後にはその島にいなくなってしまう危険があります。

避難地域でふえるイノブタ

福島県など東日本大震災で避難地域に指定された地域では、人間が生活しなくなった場所で、野生化したイノブタがふえています。これらは、逃げだしたり、おき去りにされたブタと在来のニホンイノシシとの間にできた雑種です。イノブタは野生のイノシシに比べてたくさんの子を産むので、どんどんふえていきます。

▲リュウキュウイノシシ。ニホンイノシシと比べると、体が小さく、華奢です。奄美大島や加計呂麻島、徳之島、沖縄島、石垣島、西表島などに生息しています。

▲人間が生活しなくなった避難地域で群れをつくっているイノブタ。

出典／福島民友新聞2016年2月28日

 リュウキュウイノシシは、ブタが野生化したという説がありましたが、今は元々そこにいたものとされました。

まち中にも姿を見せる
キョン

特定外来生物 **生態系被害防止外来種**

キョン
（鯨偶蹄目シカ科）
Muntiacus reevesi
🔵体長70〜100cm ♣中国南部、台湾 ◆房総半島南部、伊豆大島 🆘緊急対策外来種 ⭐イギリスとフランスに定着するも、駆除された ★在来植物や農作物の食害、マダニ類を広める。

❓どうやって日本に来た　動物園から逃げだした

キョンは小型のシカで、大型犬くらいの大きさで、イヌのような声でほえます。千葉県では1960年代〜80年代、伊豆大島では1970年代に動物園から逃げだし、定着しました。一年中繁殖するため、数がふえ、まち中にもあらわれて庭などにも侵入するようになっています。

❗なぜ害が出る　在来の植物や農作物も食害

本来は森林にすんでいますが、数がふえてまち中まで出てくるようになり、在来の植物を食いあらし、農作物や園芸植物にも被害が出ています。また、人をおそれないため、接触した人にマダニなどをうつす危険もあります。

❕どのように対策をとる　わなでとらえる

狩猟獣でないため、わなをつかってつかまえて数をへらしていく方法がとられていますが、繁殖力が強いため、なかなか数がへっていきません。

南西諸島　小笠原諸島
■自然分布　■自然分布（絶滅）
■外来分布　■外来かどうか不明
■在来個体群・外来個体群の両方分布
■過去に外来分布の記録あり

島の草を食べつくし、穴だらけにする
カイウサギ

生態系被害防止外来種 **世界ワースト100** **日本ワースト100**

❓どうやって日本に来た　毛皮や食用に放たれた

カイウサギは日本にはいないアナウサギを家畜化したもので、日本では16世紀くらいから飼われていて、19世紀ごろには野生化したものがいたようです。現在は、日本各地の島々に定着していますが、これらは20世紀後半に野外に放たれたものです。

南西諸島　小笠原諸島
■自然分布　■自然分布（絶滅）
■外来分布　■外来かどうか不明
■在来個体群・外来個体群の両方分布
■過去に外来分布の記録あり

❗なぜ害が出る　在来の動物の巣をうばう

アナウサギは、地面を掘ってトンネルのような巣をつくってくらします。アマミノクロウサギやオオミズナギドリなどの希少種の巣をうばってつかい、繁殖のじゃまをすることがあります。また、ふえすぎると、植物を食いあらして在来の草食動物の食物をうばってしまいます。さらに、島の環境をかえてしまったり、農作物を食害することもあります。

▲広島県大久野島のカイウサギ。

カイウサギ
（ウサギ目ウサギ科）
Oryctolagus cuniculus
🔵体長35〜45cm ♣スペイン、ポルトガルなど ◆日本各地の島々：オーストラリア 🆘重点対策外来種 ★巣穴の利用による希少固有種の繁殖妨害、在来植物や農作物の食害など。

📝メモ　カイウサギ（アナウサギ）は、オーストラリアではキツネ狩り用のキツネのえさとして導入されました。

♠大きさ ♣原産地 ◆移入地（日本；日本以外） 🟥日本での評価 🟦海外での評価 ★影響や害

手当たりしだいに物をかじる
クリハラリス

特定外来生物
生態系被害防止外来種

クリハラリスは、アジア一帯にすみます。台湾にすむ亜種がタイワンリスです。動物園やペットとして飼われていたものが逃げだし、関東地方以南の各地に定着しています。在来のニホンリスより体が一回り大きくなります。

❓ どうやって日本に来た
逃げだしたり放されたもの

初めに逃げだしたものが定着したのは伊豆大島で、1935年でした。1950年くらいから各地で逃げだしたものが定着し、最近では2011年に埼玉県で定着が確認されています。

クリハラリス（タイワンリス）（ネズミ目リス科）
Callosciurus erythraeus
♠体長35〜45cm ♣台湾、東南アジア、インド北部 ◆関東地方〜近畿地方と九州の各地 🟥緊急対策外来種 ★在来の動植物の食害、農作物の食害、樹木の枯死、電線や家屋の被害、ニホンリスと競い合う。

✳️ なぜ害が出る
物をかじるニホンリスを追いやる

クリハラリスは雑食性で、昆虫や木の実、たね、木の皮などを食べます。樹液をなめるために木の皮をはいだり、建物の壁や柱、電線などもかじってしまいます。今は市街地や公園などに多くすみついています。しかし、もし林や山に分布が広がっていくと、そこにすむニホンリスの食べ物やすみかをうばって、追いやる心配があります。

▲ミカンを食べるクリハラリス。長い指を器用につかって果物や木の実をつかんで食べます

にたタイプの外来種

チョウセンシマリス（ネズミ目リス科）
Tamias sibiricus barberi
♠体長13〜16cm ♣ロシア〜東アジア ◆新潟県、山梨県、岐阜県など；オーストリア、ベルギー、フランス、ドイツ、イタリア、オランダ、スイス 🟥重点対策外来種 ★在来のリスと競い合いや、エゾシマリスと雑種をつくる可能性がある。

▲するどい歯で木の皮をはぎ、木を枯らしてしまうこともあります。

📝 **メモ** 北海道には、チョウセンシマリスと同種のエゾシマリスがいます。

日本への侵入生物

土手をこわす
ヌートリア

特定外来生物　世界ワースト100
生態系被害防止外来種　日本ワースト100

ヌートリアは、水辺をすみかにするテンジクネズミに近い大型のネズミのなかまです。毛皮をとり、肉を食用にするために導入され、1940年代にはさかんに養殖されましたが、のちに利用されなくなり、すてられたものが西日本を中心に定着しています。

? どうやって日本に来た　養殖されていたものが逃げたりすてられた

1939年に150頭が移入され、各地で養殖がはじまり、1940年代には全国で4万頭ほど飼育されていました。第二次世界大戦後は養殖されなくなり、逃げたりすてられたものが野生化し、定着していきました。水辺を中心にくらしますが、食物を求めて周囲の畑などにもあらわれます。

▼川岸で休むヌートリア。水をよくはじく毛は、安価で質のよい防寒用毛皮として軍隊でつかわれていました。

▼水かきのあるあしと、たてに平たい長い尾をつかって、じょうずに泳ぎ、潜水して二枚貝などもつかまえます。

♠大きさ ♣原産地 ♦移入地（日本；日本以外） 🔴日本での評価 🟢海外での評価 ★影響や害

ヌートリア（ネズミ目ヌートリア科）
Myocastor coypus

♠体長約65cm ♣南アメリカ中部・南部 ♦岐阜県、愛知県、三重県、京都府、大阪府、兵庫県、岡山県、鳥取県、広島県、島根県、山口県、香川県；ヨーロッパ、西アジア、北アメリカ、ケニアなど 🔴緊急対策外来種 ★野菜や在来植物への食害や、堤防を破壊する。

なぜ害が出る　水草や野菜を食いあらし堤防をこわす

雑食で水草や貝などを食べますが、上陸してイネや畑の野菜を食いあらしたり、水辺の植物を枯らしてしまったりします。また、巣をつくるために土手や堤防にたくさんの穴をあけるため、堤防や水田のあぜ、ため池がこわれてしまうこともあります。繁殖力が強く、生まれて半年ほどで子を産むようになり、年に2～3回子を産みなす。

▲水辺にいる親子。土手や堤防に穴をあけたり、植物を集めた浮き巣をつくって、家族でくらします。

▲器用な前あしで植物をつかみ、するどい前歯で植物の茎や根をかみ切って食べます。

どのように対策をとる　さくで田畑を守り、狩りやわなでつかまえる

水田や畑のまわりにさくをしたり、田畑や巣のまわりの草を刈りとってかくれにくくすると、被害を防ぐ効果があります。狩りをしたり、わなでつかまえて、駆除します。

にたタイプの外来種

マスクラット（ネズミ目ネズミ科）
Ondatra zibethicus

♠体長約30cm ♣北アメリカ ♦東京都葛飾区水元公園、千葉県市川市行徳鳥獣保護区、埼玉県東部；ヨーロッパ、ロシア、東アジアなど 🔴特定外来生物・重点対策外来種 ★水辺の植物やレンコンの食害。堤防を破壊する。

▶水辺にいるマスクラット。ヌートリアと同じように、軍隊でつかう毛皮用に養殖されていましたが、第二次世界大戦終了後は放置され、逃げたものが定着しました。水辺の植物のほか、アメリカザリガニや小魚なども食べます。

📝メモ　ヌートリアは、タヌキににていることから、戦時中に「勝利」にかこつけて「沼狸」とよばれました。

とってもうるさい鳥
ガビチョウ

`特定外来生物` `日本ワースト100`
`生態系被害防止外来種`

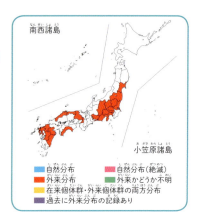

ガビチョウは、東南アジアにすむ小型の野鳥で、よくさえずるので東南アジアではペットとしてよく飼われています。日本にもペットブームで輸入され、飼われるようになりましたが、すてられたり、逃げたりしたものが関東地方を中心に定着し、分布を広げています。

 どうやって日本に来た
飼われていたものがすてられたり逃げたり

眼鏡のような白い縁どりが可愛らしく、1970年代のペットブームで多数輸入され、飼育されるようになりました。野外で発見されたのは1980年代で、北九州で見つかりました。1990年代になると山梨県に定着し、関東地方を中心に分布が広がりました。非常に大きな声で長くさえずりますが、低い茂みややぶの地上などにいるので、姿よりも声が目立ちます。

ガビチョウ（スズメ目チメドリ科）
Garrulax canorus
全長20〜25cm　東南アジア〜中国南部　東北地方南部以南の本州、九州；ハワイ諸島　重点対策外来種　人里の環境で優勢種となり、在来種を駆逐する可能性がある。

▲茂みから枝の上に姿をあらわしたガビチョウ。茂みややぶから出ているときには、眼鏡のような白い縁取りが目印となり、よく目立ちます。

 なぜ害が出る
在来の小鳥の数をへらす可能性がある

今のところ、目に見えた害はなく、大きな声が騒音になるくらいです。しかし、この鳥が定着しているハワイ諸島では、在来の鳥の数が明らかにへっているようなので、日本でも同じようなことが起こる可能性があり、心配されています。

にたタイプの外来種

カオグロガビチョウ（スズメ目チメドリ科）
Garrulax perspicillatus
全長30〜40cm　ベトナム〜中国中部　岩手県、群馬県、埼玉県、東京都、神奈川県　特定外来生物、重点対策外来種　農作物の食害と在来種を駆逐する可能性がある。

カオジロガビチョウ（スズメ目チメドリ科）
Garrulax sannio
全長30〜40cm　東南アジア〜中国中部　関東地方北部、千葉県；なし　特定外来生物。重点対策外来種　農作物の食害と在来種を駆逐する可能性がある。

🔺大きさ ♣原産地 ♦移入地（日本；日本以外） 🟥日本での評価 🟦海外での評価 ★影響や害

キジのいない地域でふえている
コウライキジ

生態系被害防止外来種
日本ワースト100

❓どうやって日本に来た　狩猟目的で放鳥された

コウライキジは、江戸時代にはキジがいなかった対馬に放鳥され、定着しました。また、1919年からは、狩猟鳥として北海道から九州までの20都道府県で放鳥され、各地で定着していきました。北海道では、一時期数がふえましたが、次第に数がへっています。

✳なぜ害が出る　在来のキジのすみ場所をうばう心配

コウライキジは、在来のキジに比べて体が大きく、低地の草原や田畑を好みます。このような環境では、キジを追いやったり、雑種をつくる可能性が高く、キジの数をへらしてしまいます。雑種は繁殖力が弱いのでそれほどふえませんが、純粋なキジの数をへらしてしまいます。

▲コウライキジのおす。体は茶色く、くびにある白帯が目立ちます。

コウライキジ（キジ目キジ科）
Phasianus colchicus
🔺全長60～80cm ♣カフカス地方～朝鮮半島 ◆北海道、関東～東海地方の太平洋側～奈良県、愛媛県、福岡県、宮崎県、鹿児島県、南西諸島；ヨーロッパ、北アメリカ、ハワイ諸島、オーストラリア、ニュージーランド 🟥その他の総合対策外来種 🟦外国では食材としてつかわれている ★体が大きいため、在来種のキジと競合し、雑種もできやすい。

◀在来種のキジのつがい。コウライキジとは別種とされていますが、同種の別亜種同士と考えられることもあります。

群れをつくってくらすインコ
ワカケホンセイインコ

生態系被害防止外来種

ワカケホンセイインコ
（インコ目インコ科）
Psittacula krameri manillensis
🔺全長約40cm ♣インド、パキスタン、スリランカ ◆関東地方以南の各地；スペイン、ベルギー、カナリア諸島など 🟥その他の総合対策外来種 ★樹洞で営巣する在来の小鳥の営巣場所をうばう

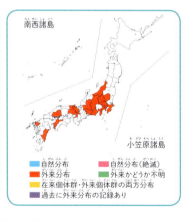

❓どうやって日本に来た　ペットが大量に逃げだした

ペットとして輸入されたものが逃げだし、定着しました。最初に確認されたのは東京都で、1969年のことでした。関東地方以南の各地で定着した記録がありますが、最近は関東地方以外はほとんど見られません。しかし東京都などには1000羽をこえる群れでねぐらをつくる集団がいます。

✳なぜ害が出る　木の穴に巣をつくる

ケヤキなどの樹洞に巣をつくって繁殖するので、同じような場所を巣にする在来の小鳥の繁殖場所をうばう可能性や、電柱などに巣をつくって漏電事故を起こす可能性があります。また、オウム病の病原菌を運んで広める危険や、農作物を食害する可能性があると心配されています。

 メモ　ペットとして売られているセキセイインコも野生化しているところがあります。

池や川はアカミミガメだらけ
アカミミガメ

生態系被害防止外来種
世界ワースト100
日本ワースト100

アカミミガメは、北アメリカから南アメリカにすみます。ミシシッピアカミミガメは、その亜種の1つです。「ミドリガメ」という名で輸入され、ペットとして多くの人に飼われ、野外に放され、定着しました。ほぼ日本全国に広がり、池や沼、川などでふつうに見られるカメとなっています。

アカミミガメ
（カメ目ヌマガメ科）
Trachemys scripta

- 甲長約28cm ♣北アメリカ南部
- ほぼ日本全国；ヨーロッパ、オーストラリア、中国など全世界
- 緊急対策外来種 ★在来のカメのすみかや食物をうばい、繁殖を妨害する。在来の水生生物や、ハス、ヒシなどの水生植物を食害する。

南西諸島
小笠原諸島

自然分布／自然分布（絶滅）／外来分布／外来かどうか不明／在来個体群・外来個体群の両方分布／過去に外来分布の記録あり

ペットとして輸入逃げたり放された

アカミミガメの輸入は、1950年代にはじまりました。それまでの「銭亀（ニホンイシガメの子）」にかわり、「ミドリガメ」の飼育が全国的に広がり、一時は年間100万びきも輸入されました。大きくなると性質があらくなり、色もきたなくなります。そのため、野外に放たれたりしたものが定着しました。繁殖するようになったのは、1960年代からです。

◀ミドリガメ（アカミミガメの子）。緑色の体に黄色いしま模様があり、目の後ろの赤い模様から「アカミミガメ」の名がつきました。

在来のカメの数をへらす可能性がある

同じような場所にすむニホンイシガメに比べ、体が大きくなり、繁殖力も強いために数がふえ、食べ物やすみかをうばいます。また、雑食で魚やカエル、エビ、水生昆虫から、水生植物まで食べ、在来のカメの卵まで食べてしまいます。

わなでとらえる

水辺にえさを入れた箱わなを多数しかけ、おびき寄せることでつかまえます。浮き島型の上陸地になるわなも開発されています。また、子ガメは物かげにかくれていることが多いので、たも網をつかってすくってつかまえます。

▲日光浴をするアカミミガメ。上陸場所をうめつくすほどの数で、在来のカメのすみ場所をうばっています。

 中国ではアカミミガメを食べています。

♠大きさ ♣原産地 ♦移入地（日本；日本以外） 🔴日本での評価 🟢海外での評価 ★影響や害

がんじょうな口で食いあらす
カミツキガメ

`特定外来生物` `日本ワースト100` `生態系被害防止外来種`

カミツキガメは、北アメリカなどにすむ大型のカメで、沼や湖、池、川の流れがゆるやかな場所などにすみます。ペットとして輸入され飼われてきましたが、飼えなくなったものが野外にすてられました。

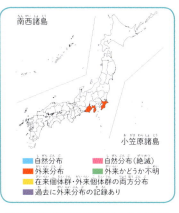

南西諸島
小笠原諸島

■自然分布　■自然分布（絶滅）
■外来分布　■外来かどうか不明
■在来個体群・外来個体群の両方分布
■過去に外来分布の記録あり

カミツキガメ
（カメ目カミツキガメ科）
Chelydra serpentina
♠甲長約50㎝ ♣北アメリカ～エクアドル ♦千葉県印旛沼、静岡県など；ヨーロッパ 🔴重点対策外来種 ★水生生物の捕食や漁具の破損、人をかむなどの可能性がある。

❓ どうやって日本に来た　ペットとして輸入されすてられた

ペットとして輸入されはじめたのは1960年代からです。1990年代には年間10万びき近くも輸入されていました。人気のあるペットでしたが、するどい口と爪をもち、成長すると大型になって気があらくなるため、もてあましてすてられるものがふえました。

▶カミツキガメ。口の縁はくちばしのようにかたく先がとがり、あしの指にはしっかりしたするどい爪が生えています。

✦ なぜ害が出る　在来のカメや水辺の生物を食べてへらす

体が大きく、食欲もすごく、ほかのカメや水生動物、水草などを食べてしまいます。するどい口や爪で漁具をこわしたり、水から上げたときに人にかみつく危険もあります。

`にたタイプの外来種`

グリーンイグアナ（有隣目イグアナ科）
Iguana iguana
♠全長90～130㎝ ♣メキシコ～南アメリカ、西インド諸島 ♦石垣島で定着の可能性が高い；フロリダ半島、ハワイ諸島など 🔴重点対策外来種 ★在来の小動物や昆虫を捕食し、観葉植物や花、果樹を食害する。

❗ どのように対策をとる　えさでおびき寄せわなでとらえる

魚のあらなどを入れた頑丈なわなをたくさんしかけ、おびき寄せてつかまえます。しきりなどで区画し、区画ごとに根絶する方法が効果的です。分布がそれほど拡大していない現在の時点で、早急に駆除することがたいせつです。

📝 メモ　グリーンイグアナは売っているときは小さいですが、すぐに大きくなります。

59

あらたに特定外来種に指定された
アリゲーターガー

特定外来生物
生態系被害防止外来種

アリゲーターガーは、北アメリカ南部から中央アメリカの大きな川や湖などにすんでいる巨大魚です。日本には観賞魚として輸入され、飼育されてきました。もてあまして野外にすてられるものが少なくなく、それらが生きのびたものが、日本各地で見つかっています。定着はまだ確認されていません。

アリゲーターガー（ガー目ガー科）
Atractosteus spatula
♠全長約2m ♣アメリカ合衆国南部、メキシコ、ニカラグア、コスタリカ ◆定着は未確認；なし ⬡その他の定着予防外来種 ◯北アメリカではブラックバスの天敵 ★在来の魚類やカメ、水鳥を食害。

❓ どうやって日本に来た　飼われていたものがすてられた

アリゲーターガーは、1990年代のペットブームの際にさかんに輸入され、日本各地で飼育されるようになりました。名前のように長く大きな口の中にはするどい歯がたくさんならび、魚などを食べます。寿命が長く、成長すると2m以上にもなるため、飼育しつづけられずに野外にすてられるものが少なくなかったようです。

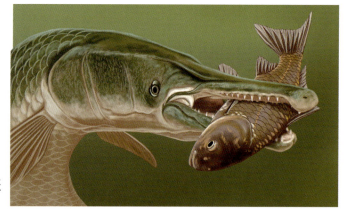

▶口が大きく、魚だけでなく、カメや水鳥さえおそうことがあるといわれます。

✳ なぜ害が出る　大きな口で、さまざまな魚を食べる

大きな口で、魚を手当たりしだいに食べるので、在来の魚などが食害され、数がへります。

❗ どのように対策をとる　定着前にとらえる／野外に放さない

まだ定着は確認されていないため、今のうちに釣りや網によってつかまえ、駆除することがたいせつです。また、輸入や飼育に対する規制を強めるため、特定外来生物に指定され、飼育しているものをすてないように予防しています。

にたタイプの外来種
スポッテドガー（ガー目ガー科）
Lepisosteus oculatus
♠全長90〜110cm ♣アメリカ合衆国東部 ◆定着は未確認；なし ⬡特定外来生物、その他の定着予防外来種 ◯なし ★在来の魚類などを捕食する。

メモ　アリゲーターガーのような観賞魚の場合、最後まで責任をもって飼うという強い気持ちが必要です。

▲大きさ ♣原産地 ◆移入地（日本；日本以外） 🔴日本での評価 🟠海外での評価 ★影響や害

よろいのような体
マダラロリカリア

生態系被害防止外来種

マダラロリカリアは、アマゾン川水系が原産の熱帯性のナマズで、体は硬い甲らのような皮膚でおおわれています。観賞魚として輸入され、飼育されてきました。水温が高い沖縄島の一部の川に定着しています。

■自然分布　■自然分布（絶滅）
■外来分布　■外来かどうか不明
■在来個体群・外来個体群の両方分布
■過去に外来分布の記録あり

マダラロリカリア（ナマズ目ロリカリア科）
Liposarcus disjunctivus
▲全長約30〜50㎝ ♣ブラジル（アマゾン川マデイラ支流）◆沖縄島；シンガポール、フィリピン、プエルトリコ、アメリカ合衆国 🔴その他の総合対策外来種 🟠なし ★在来の魚類と競い合い、水底の環境の改変により在来生物に影響をあたえる可能性。

❓ どうやって日本に来た　飼われていたものがすてられた

1990年代のペットブームでさかんに輸入されるようになり、日本各地で飼育されるようになりました。飼育されていたものがすてられ、沖縄島では1990年代から一部の川で見られるようになり、現在では定着しています。

▶10㎝ほどの幼魚で購入しても、成長がはやく数年で大きくなってしまうので、もてあましてすてられてしまうことが多いようです。

✳ なぜ害が出る　敵がほとんどいない水底をはいまわる

かたい皮膚をもつマダラロリカリアを食べるものが、日本の川にはいないため、定着するとふえつづけます。今のところ目立つ被害はありませんが、水底をはいまわってやすりのような口で藻類をこそげとって食べるため、水底の環境が破壊されたり、水草などが枯れてしまうなどの心配があります。

❗ どのように対策をとる　網などですくう野外に放さない

敵がいないため警戒心が弱く、網や手でつかまえることができます。区画割りしてとらえて駆除していき、分布が拡大するのを防ぐ必要があります。また、輸入や飼育に対する規制を強めるため生態系被害防止外来種に指定され、飼育しているものをすてないように予防しています。

にたタイプの外来種

グッピー（カダヤシ目カダヤシ科）
Poecilia reticulata
▲全長3.5〜5㎝ ♣ベネズエラ〜ガイアナ ◆北海道、福島県、長野県、静岡県、岡山県、長野県などの温泉が流れこむ場所、沖縄諸島、小笠原諸島；世界各地 🔴その他の総合対策外来種 ★深刻な被害は今のところないが、在来の魚との競合、すみ場所をうばう可能性がある。

 沖縄島の川には外来種が多くいます。

61

野生化しているものもいる
セイヨウミツバチ

セイヨウミツバチ
（ハチ目ミツバチ科）
Apis mellifera
🔵体長12〜13mm（働き蜂）♣ヨーロッパ、西アジア◆ほぼ日本全国で放し飼い；全世界 ★在来のニホンミツバチやハナバチ類と競い合う。

セイヨウミツバチは、養蜂のために明治時代から導入され、全国的に利用されています。オオスズメバチにより巣が全滅するため、日本には定着できないといわれていますが、一部で定着しているものもいるようです。

❓ どうやって日本に来た　養蜂を行うために輸入された

1877年、養蜂の研究のために、イタリア産のセイヨウミツバチがアメリカ合衆国から輸入されました。そして1880年には小笠原諸島で養蜂がはじまり、その後、養蜂が全国へと広がっていきました。

▶巣箱から出て飛び立っていくセイヨウミツバチ。巣箱の中には数千びきのハチがくらしています。新しい女王が生まれる時期になると、もとからいた女王は巣の半分くらいのハチを引き連れて巣から出て、新しい巣をつくります。

✳ なぜ害が出る　在来のハナバチ類やミツバチをへらす

セイヨウミツバチは、野外に巣をつくって定着しているものは少ないですが、巣箱は野外におかれ、巣のハチは野外に自由に飛んでいけます。在来のニホンミツバチと、すみ場所や食べ物をめぐる競争をして追いやったり、ニホンミツバチをへらす可能性もあります。また、みつや花粉を集めるハナバチ類は、セイヨウミツバチによって明らかに数がへり、セイヨウミツバチがあまりこない花では、受粉ができなくなる心配もあります。

▶マツバギクにやってきたトラマルハナバチ。

❗ どのように対策をとる　養蜂業との調整、駆除のむずかしさ

養蜂業に利用されているため、飼育や運搬などを規制するには、たくさんの調整が必要です。また、入ってきてからの時間が長く、日本の生態系に深く組みこまれてしまっています。そのため、とりのぞくと、かわりの役目をする生物がおらず、バランスが大きくくずれるおそれがあり、対策を立てにくい状況です。

▲アブラナにやってきたニホンミツバチ。セイヨウミツバチとの競争で負け、分布を広げられない状況が日本各地で見られます。

📝メモ　セイヨウミツバチは「家畜」です。

♠大きさ ♣原産地 ◆移入地（日本；日本以外） 日本での評価 海外での評価 ★影響や害

トマトの受粉に利用された
セイヨウオオマルハナバチ

特定外来生物　生態系被害防止外来種

❓どうやって日本に来た　野菜の受粉のために輸入

ハウス栽培のトマトなどの野菜を受粉させるために、女王とおすバチ、働きバチがいる人工の巣を輸入して、ハウス内で飼育しています。1992年ごろから導入され、1996年には北海道門別町（現・日高町）で、野外で自然の巣が発見されました。

◀トマトの花にとまって、受粉を手助けしているセイヨウオオマルハナバチ。

セイヨウオオマルハナバチ
（ハチ目ミツバチ科）
Bombus terrestris
♠体長10〜20mm（働きバチ） ♣ヨーロッパ ◆とくに北海道；オーストラリア、北アメリカ、パレスチナ　産業管理外来種　★北海道では在来のマルハナバチと競い合う。巣ののっとりによる在来のマルハナバチの減少。

⚠なぜ害が出る　在来のマルハナバチの巣をうばう

特定外来生物に指定されてつかわれなくなってきましたが、定着したものが被害を広げています。女王は、在来のマルハナバチの巣に侵入して女王を殺し、巣をのっとることがあります。在来のマルハナバチがへると、受粉を在来のマルハナバチにたよっている在来植物が種子をつくれずにへってしまいます。

◀被害を受ける可能性のある在来種の1つ、エゾオオマルハナバチ。

美しくて大きなチョウ
アカボシゴマダラ

特定外来生物　生態系被害防止外来種

❓どうやって日本に来た　愛好家がわざと放した

アカボシゴマダラは、国内では奄美大島だけにすんでいます。しかし、1998年くらいから関東地方で見られるようになったものは、これとは別の東アジアに広く分布している亜種です。愛好家が原産地から連れてきて放したものと考えられています。

⚠なぜ害が出る　在来種の食べ物とすみかをうばう

アカボシゴマダラの幼虫は、ゴマダラチョウやオオムラサキの幼虫と同じエノキの葉を食べて育ちます。これらの在来のチョウと食べ物とすみかをめぐってあらそい、在来種の数をへらす可能性があります。

◀エノキの葉の上にいるアカボシゴマダラの幼虫。

アカボシゴマダラ
（チョウ目タテハチョウ科）
Hestina assimilis
♠前翅長40〜53mm ♣東アジア ◆東北地方南部〜近畿地方、伊豆大島；なし　重点対策外来種　★ゴマダラチョウやオオムラサキなど、エノキを食樹にするチョウと競い合う。

📝メモ　アカボシゴマダラが好きな環境とオオムラサキが好きな環境は、ちがいます。

遠く離れた場所からやってくる

外来生物は、本来の生息地が遠く離れた場所にあるものがたくさんいます。日本は周囲を海に囲まれているため、船や飛行機で運ばれてくる物資や資材にまぎれて侵入してくるものもいます。

自然な生き物の分布

多くの生き物は、地球全体で見るとかぎられた場所に分布しています。それぞれの生き物が好む気候や、食物、地形などの条件がそろっている場所でくらしているためです。また、条件が整った場所がほかにあっても、あまりにも遠くにあったり、移動をはばむ山や川、海などの障壁があるために、そこまで移動できません。

そのため、地球全体でみると、生物の分布域は種ごとに大きくかたよっています。

ゆっくりと分布が広がっていく

生物は歩いたりはったり、飛んだり、風にのったり、動物にくっついたりして移動していきます。自然な状態では、生物の分布は、それまでの分布場所からゆっくりと、連続的に広がっていきます。何百kmも離れた場所まで、いっきに分布を広げるようなことはありません。

また、強い天敵がいたり、移動した場所の環境が生息するのに向いていなかったりしたら、そこに定着することはできません。さまざまな条件をクリアしなければ、分布を広げていくことはできないのです。

▲歩いても飛んでも移動する。山や川などの障壁で移動を制限される。（コクワガタ）

▲飛んで移動する。海や高山、風などで移動を制限される。（コシアキトンボ）

▲泳いで移動する。流れや川筋で移動を制限される。（ウグイ）

▲風で運ばれる。風の強さや向きで移動を制限される。（ススキ）

メモ　中国大陸から飛んでくるチョウやウンカのなかまのほとんどは、日本に定着していません。

人間の活動で分布が広がる外来生物

　人間が意図的に運んだり、人間が運んだものにまぎれて運ばれる場合、山や川などの障壁を簡単にこえることができます。そして、運ばれた場所の環境が合っていると、本来生息していた場所からはるかに離れた地域にすみついて、定着してしまいます。

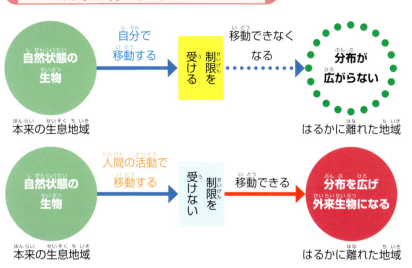

小さく目立たないものが多い

　輸入される物資や資材にまぎれて運ばれてくる外来生物には、小さく、目立たないものが多くいます。これらの生物の侵入を防ぐために、空港や港では動植物検疫が行われていますが、それでも監視をぬけて侵入し、定着するものが少なくありません。雑草の種子や昆虫の卵などは、手荷物にくっついて侵入してくる場合もあります。

地球全体に広がる危険

　こうして定着した外来生物のなかには、そこからさらに分布を広げていくものも少なくありません。極端な場合には、ほとんど地球全体に分布を広げてしまうものもいます。
　こうなると、長い生物の歴史をへてできあがった生物の分布の特徴が失われてしまいます。

▲アフリカ原産で世界に分布を広げているチャバネゴキブリ。

> **メモ** 弥生時代に、人の手によって中国や朝鮮半島から日本にやってきたと思われる生き物もいます。

世界に広がる外来生物

流通や交易の発達で、船や飛行機で運ばれてくる物資や資材にまぎれて侵入してくる外来生物は年々ふえ、世界各地に広がっていくスピードも速くなってきています。

世界中から運ばれる物資・資材

日本には、世界中からさまざまな物資や資材が船や飛行機で毎日輸入され、また、日本からも世界各地に輸出されていきます。また、荷物を持った人も入国します。

貿易の自由化が進んだ現代では、物資や資材の移動は、長い距離になり、しかもスピードアップしています。そのため、物資や資材にまぎれたり、付着した生き物が、本来の生息地からはるかに離れた場所まで、元気なままで瞬時に移動してきています。昨日まで見たこともなかった生き物が、今日は突然に日本でくらしているということが可能な状態になっているのです。

▲ジェット機で海外から運ばれてきた荷物をおろしています。

▲船で海外から運ばれてきた物資の入ったコンテナが港に山積みになっています。

 海外から日本にきて、ふえる生き物はそれほど多くありません。

外来種がすみやすい環境がふえている

海外からの物資が保管される港や空港、トラックのターミナルなどは、土地造成によって自然が破壊され、在来の生き物がすみにくい場所がほとんどです。また、人が少ないため、変化に気がつきにくい場所です。

このような場所で最近、物資や資材とともに入ってきた外来種が見つかることがふえてきています。とくに、クモやアリなどの毒をもっていたりかみついたりする小動物が問題になっています。これらの外来の生き物は生命力が強いために、さらにそこから国内各地に運ばれやすく、急激に分布を広げる危険があります。

▲神奈川県の横浜港。うめ立てたり造成した土地が広がり、在来の生物はあまりすんでいません。

海水ごと運ばれるものもいる

船が積んできた海水の中にまざってやってくる生物もいます。貨物船などの船は、荷物を港に運んでおろして帰ってくるとき、軽くなった船を安定させるために、バラストタンクという部分に海水をくみ入れます。そして、帰ってきて荷物を積む前に、タンクに入っていた海水を港ですてます。

海外でくんだ海水の中には、いろいろな生き物がふくまれています。帰ってきて港で海水をすてるときには、この生き物が日本の港に放されます。また、船の底にへばりついて海をこえてくるものもいます。そのため、バラストタンクの水のくみ上げや放水が規制されるようになってきました。

海水ごと生物が運ばれるしくみ

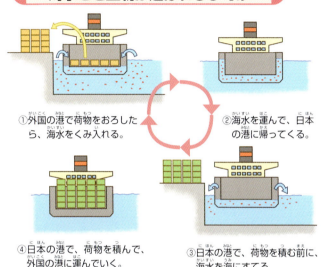

①外国の港で荷物をおろしたら、海水をくみ入れる。
②海水を運んで、日本の港に帰ってくる。
③日本の港で、荷物を積む前に、海水を海にすてる。
④日本の港で、荷物を積んで、外国の港に運んでいく。

船で運ばれた外来生物

▲チチュウカイミドリガニ
▲クシクラゲ
▲ホンビノスガイ

▲日本の海岸で見られるムラサキイガイ。ヨーロッパ原産の二枚貝ですが、船の底にくっついて日本に侵入し、現在では各地でふつうに見られます。

 船の底について、世界に広がったものもあります。

日本への侵入生物

最近は都市のやみの王者
クマネズミ

生態系被害防止外来種
世界ワースト100

クマネズミは、有史以前に東南アジア系のものが日本に入ってきましたが、1920年代くらいから、ヨーロッパや北アメリカなどからインド系のクマネズミが物資にまぎれて侵入し、島や都市部などを中心に定着し、分布を広げています。

 **どうやって日本に来た** 物資にまぎれて船でやってきた

インド系のクマネズミは、1920年くらいから、船で運ばれてくる物資にまぎれて日本に入ってきました。小笠原諸島や南西諸島、伊豆諸島、四国、九州、北海道などにも入りこんでいます。森林や民家などに定着し、分布を広げて全国的に見られるようになっています。また最近では、都市部のビルなどにすむようになり、数がふえています。

▶市のビルにすみついているクマネズミ。パイプなどをつたって、高いところまでのぼることができます。

 **なぜ害が出る** 在来生物を食害し、病気を広める

繁殖力がとても強く、短期間で数がふえるので、都市や農村では、農作物を食べたり建物をよごしたりこわしたりする被害が出ます。島では森林の木などにすみついていますが、在来の海鳥や野鳥の巣をおそったり、ウミガメの卵を食べたりします。また、人にもうつる病気を運んで広める危険もあります。

▶落ち葉をかじっているクマネズミ。もともとは森林地域をすみかにしていたため、木のぼりもとても得意です。

メモ 実験用やペットになる白いネズミ「ラット」は、クマネズミです。

♠大きさ ♣原産地 ◆移入地（日本；日本以外） 🟥日本での評価 🟦海外での評価 ★影響や害

クマネズミ（ネズミ目ネズミ科）
Rattus rattus

♠体長15〜23cm ♣インドシナ半島 ◆ほぼ日本全国；全世界 🟥緊急対策外来種 ★植物、海鳥、ウミガメ、陸産貝類などを捕食する。植物食動物と競い合う。農業被害や、人獣共通の感染症を広める。

どのように対策をとる
毒えさをおくわなをしかける

▶おり型のわなにかかったクマネズミ

クマネズミのあらわれる場所に毒えさをおいたり、粘着シート型やおり型のわなをしかけたりしてつかまえます。毒えさは、食物が不足する冬におくと効果が大きいですが、最近は毒に強いものも出現していて、完全に駆除するのはむずかしくなっています。天井裏などに侵入する経路をふさぐこともたいせつです。

▲ビルの倉庫にしかけた粘着シート型のわなにかかったクマネズミ。

クマネズミより湿った場所が好き
ドブネズミ

生態系被害防止外来種　世界ワースト100　日本ワースト100

ドブネズミ（ネズミ目ネズミ科）
Rattus norvegicus

♠体長11〜28cm ♣シベリア南東部、中央アジア ◆ほぼ日本全国；全世界 🟥重点対策外来種 ★海鳥・水鳥などの繁殖妨害。在来小動物の捕食。農業被害。人獣共通の感染症を広める。

南西諸島　トカラ列島　沖縄諸島　先島諸島　小笠原諸島　対馬　伊豆諸島　大隅諸島　小笠原諸島

■在来分布　■移入・在来両方　■移入分布　■在来かどうか不明

どうやって日本に来た
大昔から日本にいる

ドブネズミは、大化の改新のころに、物資にまぎれて日本に入ってきたといわれています。本州から四国、九州に分布していましたが、南西諸島や対馬、伊豆諸島、小笠原諸島には、船の荷にまぎれて国内から移動し、定着したと考えられています。クマネズミよりも湿った場所が好きで、台所や下水道、水田や川原などで見られ、巣穴にすんでいます。

なぜ害が出る
在来生物を食害し、病気を広める

クマネズミと同じく繁殖力が強く、在来の小動物を食べたり、海鳥や水鳥の巣をおそったりします。作物に被害をあたえることもあります。また、人にもうつる病気を運んで広める危険もあります。クマネズミより寒さに強く、雪の下にも巣をつくります。

 ネズミのなかまは、天敵のいないところでは、どんどんふえていきます。

完全定着する前に駆除できるか？

ヒアリ（アカヒアリ）

特定外来生物　世界ワースト100
生態系被害防止外来種

ヒアリは全長4～9mmほどの小さなアリですが、スズメバチと同じくらい強い毒をもっています。空き地や芝生などに巣をつくり、近づくものに集団でおそいかかり、腹先の毒針でさします。北アメリカ、東南アジア、中国やオーストラリアなどに定着し、被害が出ています。日本でも2017年から、港のコンテナ内やその周辺、内陸の貨物など、たくさんの場所で見つかっていて、定着が心配されています。

物資にまぎれて船でやってきた

ヒアリは、船で日本に運ばれてくる物資や資材にまぎれて侵入してきます。原産地は南アメリカですが、北アメリカやオーストラリア、東南アジア、中国や台湾など、日本との貿易がさかんな地域にも定着しているため、侵入する機会がふえています。

今のところ、ほとんどはコンテナの中やまわりで見つけられ、駆除されています。しかし、働きアリが集団で巣をつくっていた例もありました。

▶ヒアリの羽アリと働きアリ。日本ではまだ女王がいる集団は見つかっていません。

在来生物の捕食や農業への被害、人への危害も

非常に気があらいので、在来のアリをはじめさまざまな生物の捕食が心配されます。また、海外では農作物を食害したり、農業機械をこわしたりする被害も出ています。さらに、巣が舗装面の下などにつくられ、空洞ができて陥没するなどの被害も出ています。

巣に近づくものは何にでもおそいかかるため、人だけでなくさまざまな動物がさされて被害にあう可能性があります。

▶海外で撮影されたヒアリの巣。地上は40㎝くらい土が盛り上がっています。地下部分は直径1mくらいのボール形で、通路や部屋がはりめぐらされています。

 ヒアリは以前から東南アジアに多くいて、最近は中国南部で大発生しています。

♠大きさ ♣原産地 ♦移入地（日本；日本以外） 🟥日本での評価 🟪海外での評価 ★影響や害

! どのように対策をとる　侵入する前に防ぐ、巣を見つけてこわす

　ヒアリが定着してからだと、駆除はとてもむずかしくなります。港や空港で、荷物にかくれているものを見つけだし、さらにその周辺で巣がないかを定期的に調べる必要があります。そして、見つけたら巣をこわして女王アリをはじめ巣のアリを殺すことがたいせつです。ただし、乾燥しているところに生息するアリで、湿ったところはきらいなので、日本に定着しない可能性があります。

▲コンテナがおかれている周辺をさがし、ヒアリの巣がないかを確認しています。

ヒアリ（アカヒアリ）（ハチ目アリ科）
Solenopsis invicta
♠体長2.5～6mm ♣南アメリカ ♦日本未定着；北アメリカ、オーストラリア、東南アジア、台湾、中国南部など 🟥侵入予防外来種 ★在来のアリとの競合ですみかをうばう可能性、在来の小動物の捕食。農業への被害。巣に近づく人やそのほかの動物への健康被害。

在日アメリカ軍基地の周辺にひそむ
アカカミアリ

特定外来生物　世界ワースト100
生態系被害防止外来種

? どうやって日本に来た　アメリカ軍の物資にまぎれて入ってきた

　アカカミアリは、アメリカ合衆国南部～南アメリカ北部原産のアリで、開けた荒れ地や草地に巣をつくります。日本では第二次世界大戦後にアメリカ軍の輸送物資にまぎれて侵入し、小笠原諸島の硫黄島と、沖縄島と伊江島のアメリカ軍基地周辺に定着しています。物流の発達で、乗り物や物資にまぎれ、世界の熱帯・亜熱帯域の各地に広がっています。

アカカミアリ（ハチ目アリ科）
Solenopsis geminata
♠体長3～8mm ♣アメリカ合衆国南部～南アメリカ北部 ♦沖縄島、伊江島、小笠原諸島の硫黄島；世界の熱帯・亜熱帯の各地 🟥緊急対策外来種 ★在来のアリとの競い合ってすみかをうばう可能性、カイガラムシ保護による農業への被害。巣に近づく人や家畜。そのほかの動物への健康被害。

✲ なぜ害が出る　大あごでかみつき毒針でさす

　アカカミアリは気があらく、巣に近づく人や動物に対して集団で立ち向かい、大あごでかみつき、毒針でさします。在来のアリと競い合って、すみかをうばうおそれもあります。
　また、カイガラムシの分泌物を食物として利用するため、カイガラムシを保護する習性があります。このために、カイガラムシによる農業被害を大きくする危険があります。

自然分布　自然分布（絶滅）
外来分布　外来かどうか不明
在来個体群・外来個体群の両方分布
過去に外来分布の記録あり

📝 メモ　アリの害の1つに、アブラムシを保護することによりアブラムシがふえ、農作物を枯らしてしまうことがあります。

71

日本への侵入生物

物陰に集団で潜んでいる
アルゼンチンアリ

特定外来生物　世界ワースト100
生態系被害防止外来種　日本ワースト100

アルゼンチンアリは、南アメリカ南東部が原産のとても小さいアリです。物資や資材にひそんで世界各地に運ばれ、定着しています。日本では、東京都以南の本州各地と四国に定着し、分布を広げています。港の周辺や市街地などに多く、畑のまわりや庭などで見られ、家の中にも入ってきます。

アルゼンチンアリ（ハチ目アリ科）
Linepithema humile

♠体長3〜8mm ♣南アメリカ南東部 ◆本州（東京都、神奈川県、東海地方、京都府、大阪府、兵庫県、岡山県〜山口県、徳島県など）；北アメリカ、ヨーロッパ各地、アラブ首長国連邦、南アフリカ、チリ、オーストラリア、ニュージーランド、ハワイ諸島など ◆緊急対策外来種 ★在来のアリと競合、アブラムシやカイガラムシ保護による農業への被害。家屋に侵入する。

物資や資材にまぎれてやってきた

アルゼンチンアリは、日本では1993年に広島県で見つかりました。海外からの物資や資材にまぎれて入ってきたと考えられます。ほかのアリのように地中に巣をつくらず、集団でかたまって地表を移動しながらくらします。体も小さいため、わずかなすきまにも入りこみ、物かげにひそむのも得意です。

▶アルゼンチンアリの働きアリ。体が赤茶色でアミメアリなどににていますが、触角がとても長いのが特徴です。卵やさなぎなどは、働きアリがかかえて運びます。

ほかのアリの巣をおそい家にも入りこむ

集団で移動しながらくらし、ほかのアリの巣を見つけると入りこんで卵や幼虫をうばって食べ、巣をほろぼしてしまいます。その地域の在来のアリが全滅してしまう危険もあります。

また、カイガラムシやアブラムシが出す甘い分泌物が大好物で、これらを外敵から守る習性があります。そのために、農作物などの被害が大きくなります。ミツバチの巣箱をおそうこともあります。食べ物を求めて家の中まで侵入してすみつくので、衛生害虫としてきらわれてもいます。

▶アルゼンチンアリの女王。日本では、近縁の集団が戦わずに合流して、100ぴき以上も女王がいる大集団になっていきます。

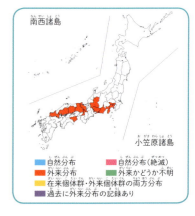

南西諸島
小笠原諸島

自然分布　自然分布（絶滅）
外来分布　外来かどうか不明
在来個体群・外来個体群の両方分布
過去に外来分布の記録あり

アルゼンチンアリは、原産地では集団同士がけんかをするため、それほどふえません。

🔶大きさ ♣原産地 ◆移入地（日本；日本以外）🚫日本での評価 ⚠海外での評価 ★影響や害

どのように対策をとる かくれ場所をへらす

家の中ならば見つけたら殺虫剤をまいて駆除しますが、野外では物かげにかくれているために、なかなか発見できません。庭などでかくれるような場所をできるだけなくすようにしたり、入りこむすきまをふさいだりして、被害を少なくしていくしかないようです。

日本では、気候などの関係からか、野外ではそれほど定着できていないようです。

日本の生態系に取り込まれた外来種

アシナガキアリとツヤオオズアリは、世界の侵略的外来種ワースト100に指定されている外来種です。

日本では南西諸島と小笠原諸島などに定着していますが、ほかの多くの外来種とはちがい、南西諸島では生態系にとりこまれて分布が安定しています。どちらも自然林へは分布を広げられず、人の手の入ったあれた環境だけで見られます。

海外では急激にふえて被害が出ていますが、日本ではそのようなことはないことなどから、特定外来生物には指定されていません。

▲ツヤオオズアリ。アフリカ南部原産のアリで、海外では植物を食いあらす被害が見られます。

▲アシナガキアリ。アフリカ原産で、集団で移動しながらくらし、出会ったものを手当たりしだい攻撃します。

建物や木材を食いあらす
イエシロアリ

`世界ワースト100` `日本ワースト100`

イエシロアリは、建物や木材などを食いあらす外来種です。かなり古い時代に中国から漂流物などにのって侵入し、関東地方以南のあたたかい場所に生息しています。1955年ごろから資材などにまぎれて小笠原諸島にも入りこみ、被害が大きくなっています。

▲木材にいるイエシロアリの兵アリ。大きな巣では、100万びきものシロアリが集団でくらし、木を食べて巣を大きくしていきます。

どうやって日本に来た 小笠原諸島にはアメリカ軍の物資にまぎれて

小笠原諸島には、1955年くらいからアメリカ合衆国本土からのアメリカ軍の資材にまじって、父島に侵入し、定着していったようです。母島など、ほかの島にはまだ定着していません。

イエシロアリ（シロアリ目ミゾガシラシロアリ科）
Coptotermes formosanus
🔶体長：働きアリ4.5〜6.5mm 羽アリ6.5〜8.5mm 女王40mmほど ♣中国、香港 ◆関東地方南部以南；台湾、スリランカ、南アフリカ、アメリカ合衆国本土、グアム島など ★木材や家屋、家具、文化財、書物を食害。羽アリが大量に発生し、衛生害虫となる。

▲羽アリ ▲兵アリ ▲働きアリ

なぜ害が出る 木や紙を食いあらす

イエシロアリは、木材ならば何でも食べ、巣をつくってふえます。生木も食べます。木造の家屋や建造物などに入りこみ、柱や家具などを食べて巣をつくり、その結果、建物が倒れたりこわれたりすることもあります。

どのように対策をとる 父島や本土から植物の持ちこみ規制

母島への侵入を防ぐため、父島や本土でイエシロアリが発生している地域からの植物などの持ちこみを禁止して、予防しています。

南西諸島 / 小笠原諸島
自然分布 / 自然分布（絶滅） / 外来分布 / 外来かどうか不明 / 在来個体群・外来個体群の両方分布 / 過去に外来分布の記録あり

📝メモ　シロアリのなかまは、全部が家や家具などを食べるわけではありません。

街路樹や庭木を食いあらす
アメリカシロヒトリ

日本ワースト100

南西諸島
小笠原諸島
■自然分布　■自然分布（絶滅）
■外来分布　■外来かどうか不明
■在来個体群・外来個体群の両方分布
■過去に外来分布の記録あり

アメリカシロヒトリは、北アメリカ原産のガで、幼虫はさまざまな樹木の葉を食べて育ちます。日本では第二次世界大戦後に入りこみ、1970～80年代に各地で大量発生して、庭木や街路樹を食いあらし問題となりました。

❓ どうやって日本に来た　アメリカ軍の物資・資材にまぎれて

アメリカシロヒトリは、アメリカ軍の物資や資材にまぎれて日本に入ってきました。1945年に東京都で見つかり、関東地方から本州、四国、九州各地に分布を広げていきました。初夏から秋まで成虫が2回羽化し、卵を産みます。幼虫は小さいうちは糸をはいてすみかをつくり、集まってくらします。

▶アメリカシロヒトリの幼虫。食欲がすごく、どんどん葉を食べていきます。長い毛がありますが、毒はなく、さわってもさされることはありません。

✳ なぜ害が出る　いろいろな植物を集団で食べる

幼虫が食べる木の種類がひじょうに多く、しかも糸をはいてすみかをつくり、数百ぴきが集団でくらすため、発生した木の葉は食いあらされ、ひどい場合にはほとんどの葉が食べられ、木が丸はだかにされてしまいます。かつては街路樹などに大量に発生して大きな問題になっていましたが、最近は数がへり、まち中に大発生するようなことはなくなっています。

アメリカシロヒトリの幼虫に食いあらされた木。糸でつくったすみかには、大量の黒いふんがついています。

アメリカシロヒトリ（チョウ目ヒトリガ科）
Hyphantria cunea
🌿開張30～35mm　🍀北アメリカ　◆本州各地、四国と九州の一部、小笠原諸島：ヨーロッパ、中国、韓国など　🚫検疫有害動物　★街路樹や庭木、園芸植物などの食害など。

メモ　農薬をまいて、アメリカシロヒトリを駆除します。

♠大きさ ♣原産地 ♦移入地（日本；日本以外）🟥日本での評価 🟧海外での評価 ★影響や害

日本ワースト100

とげには毒があるやっかいもの
ヒロヘリアオイラガ

❓どうやって日本に来た　樹木について侵入した

ヒロヘリアオイラガは、在来種のクロヘリアオイラガににたガです。インドや中国などから輸入される園芸植物について1920年ごろに侵入し、60年代から南日本各地で見られるようになりました。

▲ヒロヘリアオイラガの幼虫。

✴なぜ害が出る　庭木や果樹を食害

小さな幼虫は集団でくらします。幼虫はいろいろな庭木や果樹の葉を食べ、サクラやカキ、マンゴーなどに被害が出ます。また、体にあるとげにふれるとさされます。ものすごくいたく、さされた部分はひどくはれることもあります。

小さいうちはかたまっているので、見つけたら素手でさわらないようにして、葉ごととり去るようにします。

ヒロヘリアオイラガ（チョウ目 イラガ科）
Parasa lepida
♠開張30〜40mm ♣南アジア〜中国 ◆関東地方南部以南の本州、四国、九州、沖縄島；なし 🟥検疫有害動物 ★さまざまな樹木や果樹を食害。有毒のとげでさす。

自然分布／自然分布（絶滅）／外来分布／外来かどうか不明／在来個体群・外来個体群の両方分布／過去に外来分布の記録あり

日本で見られる最大のセセリチョウ
バナナセセリ

❓どうやって日本に来た　アメリカ軍の軍用機に入りこんで

バナナセセリは、東南アジアの熱帯域に広く見られる大型のセセリチョウです。日本で見つかったのは1971年、ベトナム戦争がはげしくなり、沖縄島のアメリカ軍基地とベトナムの間を、軍用機がさかんに飛んでいた時期です。ベトナムで軍用機に入りこんだ成虫が、短時間で沖縄に運ばれ、バナナ畑やバショウの生えている場所に定着したようです。

バナナセセリ（チョウ目 セセリチョウ科）
Erionota torus
♠前翅長35〜40mm ♣東南アジア熱帯域 ◆沖縄島など；不明 ★バナナやバショウ類の葉を食害。

✴なぜ害が出る　幼虫が葉を食べる

バナナセセリの幼虫は、バナナやイトバショウなどのバショウ類の葉を食べて育ちます。小さいうちはあまり被害はありませんが、大きく育った幼虫は葉の芯まで食いあらし、枯らしてしまうこともあります。8月〜12月に被害が大きくなります。

▶葉を食べる終齢幼虫。

▲バナナの葉をまいてつくられたバナナセセリの幼虫の巣。

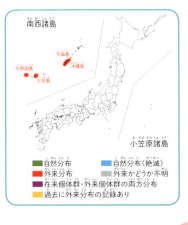

自然分布／自然分布（絶滅）／外来分布／外来かどうか不明／在来個体群・外来個体群の両方分布／過去に外来分布の記録あり

メモ　ヒロヘリアオイラガは、最近は東京周辺でもよく見られます。

スイカやメロン、トマト、パパイヤなどの大害虫
ウリミバエ

日本ワースト100

ウリミバエは、東南アジア原産の小さなハエです。日本には、大正時代のなかばに侵入し、南西諸島に分布を広げて、メロンやスイカ、ニガウリ、トマト、パパイヤなどの農作物に大きな被害をあたえました。育たない卵を産ませるおすを利用して、完全に駆除することに成功しました。

❓ どうやって日本に来た　東南アジアから侵入した

ウリミバエは、1919年に八重山列島に侵入、定着しましたが、どうやって入ってきたのか、くわしい経路はわかっていません。そこから宮古列島、沖縄諸島、奄美群島へと北へ分布を広げて行き、1977年には大東諸島まで定着しました。

▶カボチャの葉にとまっているウリミバエ。幼虫は、すべてのウリ科植物にくわえ、トマトやパパイア、インゲンなど、100種類以上の農作物に被害をあたえます。

✴ なぜ害が出る　果実を中から食べてくさらせる

ウリミバエは、農作物の未熟な果実や周囲の茎などに卵を産みつけます。ふ化した幼虫は未熟な果実の中に入りこんで、果実を内側から食べて成長し、大きくなると果実から出て土にもぐってさなぎになります。多いときには、1つの果実に100ぴきもの幼虫が入っていることもあります。食害された果実は大きくならず、多くは成長途中でくさって落ちてしまいます。

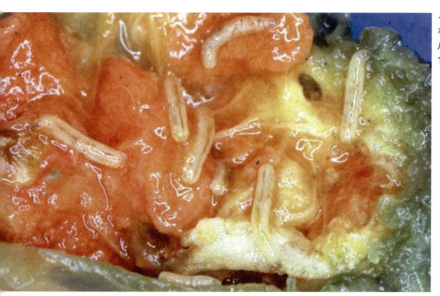

◀ニガウリの内部を食害するウリミバエの幼虫。体長10mmほどです。

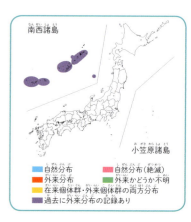

ウリミバエ（ハエ目ミバエ科）
Bactrocera cucurbitae

🌱体長8〜9mm　♣東南アジア　◆かつては奄美大島以南の南西諸島；ハワイ諸島、ニューギニア島、アフリカ、インド洋の島々など　🛑検疫有害動物　★幼虫がウリ科をはじめさまざまな果実を食害し、出荷価値をなくす。

メモ　ウリミバエがいる間、島の外にウリ科の植物を持ち出すことはできませんでした。

◆大きさ　◆原産地　◆移入地（日本；日本以外）　◆日本での評価　◆海外での評価　★影響や害

❗ どのように対策をとる　育たない卵を産ませるおすを利用

ウリミバエの駆除には、放射線を当てたおす（不妊虫）を大量に野外に放つという方法がとられました。このおすと交尾しためすが産む卵はふ化せず、死んでしまいます。ふつうのおすよりもずっと多くの数を放すことで、生まれるウリミバエの数をへらすことができるのです。

1975年に、まず久米島でこの方法がためされ、1978年には久米島のウリミバエを根絶させることができました。この方法をそのほかの地域でもつかい、1993年についに日本にいるウリミバエを完全に根絶することができました。根絶後も毎年1億ひき以上の不妊虫を放ち、ウリミバエが日本に再定着しないように予防しています。

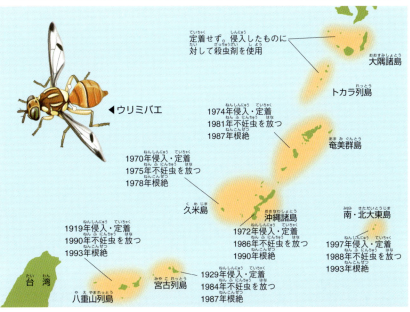

南西諸島にウリミバエが侵入した年代と駆除の進み方

化学物質でおすをおびき寄せてつかまえる―ミカンコミバエの場合

ウリミバエと同じように、日本に侵入して駆除された害虫にミカンコミバエがいます。このハエは東南アジア原産で、幼虫はミカン類や、モモ、トマトなどの果実を食いあらす害虫です。

1919年に沖縄島で定着がはじめて確認されましたが、このときすでに沖縄県全体に広がっていたといわれています。そののち、奄美群島や小笠原諸島に分布を広げました。1968年から駆除がはじまり、1985年までに根絶されました。

南西諸島のミカンコミバエ根絶には、ウリミバエとはちがいおすを引きつける化学物質をつかい、やってきたおすをつかまえる方法がとられました。小笠原諸島では、この方法と同時にウリミバエと同じように不妊虫を放す方法もつかわれました。

にたタイプの外来種

ミカンコミバエ（ハエ目 ミバエ科）

Bactrocera dorsalis

◆体長7〜8mm　◆東南アジア　◆かつては南西諸島、小笠原諸島；ハワイ諸島、ミクロネシア、フランス領ポリネシアなど　◆検疫有害動物　★幼虫がミカン類をはじめさまざまな果実を食害し、出荷価値をなくす。

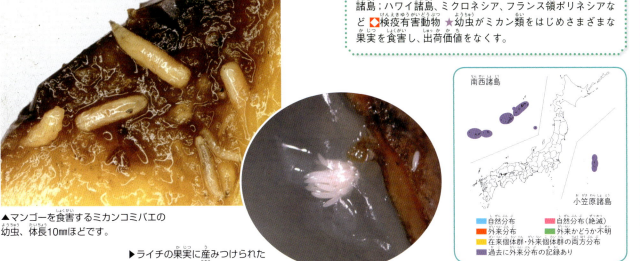

▲マンゴーを食害するミカンコミバエの幼虫、体長10mmほどです。

▶ライチの果実に産みつけられたミカンコミバエの卵。

メモ　不妊虫を放して駆除する方法は、おすをしっかり不妊にさせることが大事です。不妊でないおすを放すと、ふえてしまいます。

ヤシオオオサゾウムシ

ヤシを枯らす大きなゾウムシ

? どうやって日本に来た ー カナリーヤシについてきた

ヤシオオオサゾウムシは、東南アジアなどが原産の大型のゾウムシです。海岸近くの街路樹などのヤシの害虫で、輸入された街路樹用のヤシについて侵入してきました。沖縄で1975年にはじめて見つかり、20世紀末から西日本の海沿いの場所などに定着し、被害が大きくなっています。

ヤシオオオサゾウムシ（コウチュウ目 オサゾウムシ科）
Rhynchophorus ferrugineus
♠体長22～35mm ♣インド、東南アジア、ニューギニア島 ◆沖縄島、大東諸島など、本州南部と九州の一部；中国、台湾、南アジア、地中海沿岸、オーストラリア、北アメリカ、太平洋・インド洋の島々 ♥検疫有害動物 ★カナリーヤシ（フェニックス）を食害し、枯らす。

※ なぜ害が出る ー 幼虫が幹や葉を食べて育つ

ヤシオオオサゾウムシは、ヤシの幹のてっぺんに穴をあけて卵を産みつけ、ふ化した幼虫は幹や葉柄の中を食べ進み、くさらせていきます。成長してさなぎになり、羽化すると外に出てきます。幼虫がすみつくとさらに卵が産みつけられ、ヤシは葉がのびず、立ち枯れてしまいます。

▶食害され立ち枯れたカナリーヤシ。

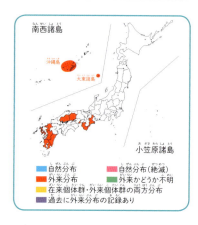
■自然分布　■自然分布（絶滅）
■外来分布　■外来かどうか不明
■在来個体群・外来個体群の両方分布
■過去に外来分布の記録あり

チャバネゴキブリ

気がついたら全国に広がっていた

【日本ワースト100】

? どうやって日本に来た ー 船や飛行機にしのびこんで

チャバネゴキブリは、アフリカ原産の小型のゴキブリです。日本に侵入した年代は不明ですが、北海道では1960年までは知られていませんでした。船や飛行機などに成虫や幼虫、卵がまぎれて侵入しているようです。日本全国に定着していて、木造家屋よりも、ビルなどの建物でよく見られます。

チャバネゴキブリ（ゴキブリ目チャバネゴキブリ科）
Blattella germanica
♠体長10～15mm ♣アフリカと考えられている ◆ほぼ全国；ほぼ全世界 ★人間の食べ物を食べることで、食中毒などを広げる。

※ なぜ害が出る ー 食中毒などを広める

人間が生活する場所でくらし、不衛生な場所にも入りこんで、体には食中毒を起こす原因となる菌などがついています。食品や食器などにのったとき、この菌がつき、食中毒を広めることになります。

▶チャバネゴキブリの成虫と幼虫。集団で物かげなどにかくれています。

■在来分布　■移入・在来両方
■移入分布　■在来かどうか不明

メモ：クロボシセセリもヤシの植樹により、すんでいるところが広がっています。

🔺大きさ ♣原産地 ◆移入地（日本；日本以外） 🟥日本での評価 🟧海外での評価 ★影響や害

暗い場所が好きな毒グモ
セアカゴケグモ

`特定外来生物` `生態系被害防止外来種` `日本ワースト100`

　セアカゴケグモは、腹部の背中側に目立つ赤い模様がある小型のクモです。日本では、1995年に初めて大阪府で見つかり、そののちも各地の港や物流基地近くなどで見つかっていて、分布が広がっています。くぼみや側溝など暗い場所に好んであみを張ります。

❓どうやって日本に来た　建築資材などにまぎれて

　セアカゴケグモは、最初に発見された場所と同じような港近くの貨物おき場などで多く見られるため、船で運ばれてきた建築資材などにまぎれて侵入しつづけているようです。また、それらの場所から自動車で運ばれて、国内の各地に分布を広げていると考えられています。

✳なぜ害が出る　めすが毒をもっている

　小型でおとなしいクモですが、めすは神経毒をもっていて、人にかみつくこともあり、危険です。ブロックやフェンスのすきまやふたがついた側溝、エアコンの室外機や自動販売機の下など、暗い場所にあみを張ってすんでいます。おとなしいクモですが、側溝そうじなどであやまって強くさわってしまった場合に、かまれて被害が出ます。

❗どのように対策をとる　絶対にさわらない

　見つけたときには、絶対にさわらないようにしましょう。クモ用の殺虫剤をかけたり、熱湯をかけたりして駆除できます。

▲セアカゴケグモのめすと、卵のう（ボール形のもの）。おすは体が小さく、きばも小さいので、かまれる心配はほとんどありません。

セアカゴケグモ（クモ目ヒメグモ科）
Latrodectus hasselti
🔺体長めす7〜10mm、おす4〜5mm ♣オーストラリアと考えられている ◆本州、四国、九州、沖縄諸島；ヨーロッパ、北アメリカ、東南アジア、ニュージーランドなど 🟥緊急対策外来種 ★神経毒をもち、めすにかまれるとはれる。

にたタイプの外来種

ハイイロゴケグモ（クモ目 ヒメグモ科）
Latrodectus geometricus
🔺体長めす12〜16mm、おす6〜8mm ♣オーストラリア、中央・南アメリカ、太平洋の島々 ◆本州、九州、沖縄諸島の一部；インド、フィリピン、北アメリカ南部など、世界の熱帯・亜熱帯域各地 🟥特定外来生物。緊急対策外来種 ★セアカゴケグモよりおとなしく、攻撃性は少ない。

◀ハイイロゴケグモのめす。体の色は、白から灰色、黒まで、さまざまなものがいます。

※ゴケグモのなかまは全種が特定外来生物に指定されていますが、セアカゴケグモとハイイロゴケグモ以外は、日本には定着していません。

 セアカゴケグモのおすには、目立つ赤い模様はありません。

港や内湾の岸にかたまってつく
ムラサキイガイ

生態系被害防止外来種 / 世界ワースト100 / 日本ワースト100

❓ どうやって日本に来た　船のバラスト水にまじって

ムラサキイガイは、地中海沿岸原産の二枚貝で、ヨーロッパでは食用としてよく利用されています。船のバラスト水に幼生がまじって運ばれたり、船底に稚貝が付着して日本へ運ばれてきました。1932年に神戸港で見つかり、そののちに全国へと広がりました。

▲ヨーロッパでは、ヨーロッパイガイとともに「ムール貝」としてさかんに料理につかわれています。

💥 なぜ害が出る　カキの養殖などに影響

港や内湾の岸壁や岩礁、くいなどにびっしりとついています。カキなどとすみ場所をとりあうため、養殖業などに影響をあたえます。また、大量に付着したものが高水温で死んだりすると、水質を悪化させたりもします。一方で、水質の浄化の役に立っている場所もあります。在来のキタノムラサキイガイとの雑種をつくる危険もあります。

ムラサキイガイ
（イガイ目 イガイ科）
Mytilus galloprovincialis

♠殻長5～10cm ♣地中海沿岸 ◆ほぼ全国の沿岸；韓国、オーストラリア南東部、南アフリカ、北アメリカ西岸など ♦その他の総合対策外来種 ★海岸の人工物への固着、カキ、アコヤガイ、フジツボなどの水産物と競い合う。在来の近縁種との雑種をつくる。

ほかのカニがすめないよごれた水にも強い
チチュウカイミドリガニ

生態系被害防止外来種 / 日本ワースト100

❓ どうやって日本に来た　船のバラスト水にまじって

チチュウカイミドリガニは、その名の通り地中海などが原産の中型のカニです。船のバラスト水に幼生がまじって、運ばれてきました。日本では、1984年に東京湾で見つかり、東京湾より南の大きな港近くなどに分布を広げました。いそや干潟のあさい場所にすみ、水から上がることもあります。

◀チチュウカイミドリガニ。ヨーロッパなどでは、食用にされています。

💥 なぜ害が出る　在来の貝を食べたり、ほかのカニと競い合う

よごれた水にも強く、ほかのカニがいない場所にもすんでいます。日本では今のところ被害はありませんが、近縁種のヨーロッパミドリガニは、北アメリカで貝類を食べ、大きな被害を出しています。日本でも分布が広がると、アサリやカキなどの被害が出る可能性があります。

チチュウカイミドリガニ
（十脚目 ワタリガニ科）
Carcinus aestuarii

♠甲幅おす4cmほど、めす7cmほど ♣地中海沿岸 ◆東京湾、伊勢湾、大阪湾、洞海湾など；北アメリカをはじめ世界各地の沿岸 ♦北アメリカには19世紀初めにすでに定着。♦その他の総合対策外来種 ★在来の貝類の捕食や在来のカニ類との競合の可能性がある。

 ワタリガニ科はいちばん後ろのあしがオール型になっていますが、チチュウカイミドリガニは例外で、ほかのあしと同じ形です。

♠大きさ ♣原産地 ◆移入地（日本；日本以外） 🟥日本での評価 ⬜海外での評価 ★影響や害

家のまわりでいちばんよく見かける
チャコウラナメクジ

日本ワースト100

どうやって日本に来た　輸入される植物にくっついて

　チャコウラナメクジは、ヨーロッパ原産のナメクジで、世界各地に定着しています。日本には、1950年代に野菜の苗や観賞用の植物などといっしょに入ってきました。明治時代から定着していたコウラナメクジをおしのけ、本州から九州の各地に広がりました。今では、庭先でもっともよく見かけるナメクジとなっています。

チャコウラナメクジ（柄眼目 コウラナメクジ科）
Lehmannia valentiana
♠体長5〜7cm ♣ヨーロッパ（イベリア半島）◆本州、四国、九州；中国 🟥検疫有害動物 ★農作物や花だんの植物などを食害する。

なぜ害が出る　野菜や花などを食いあらす

　ほかのナメクジ類と同じように、野菜の葉や実、花などを、やすりのような口でけずるように食べ、穴だらけにします。また、苗などを食べて、枯らしてしまうこともあります。冬から春に卵がふ化するので、初夏に数がふえて被害が大きくなります。はいまわったあとには、ねばねばした粘液が残ります。

▲植物の葉にのぼっているチャコウラナメクジ。おもに夜間に活動します。

南西諸島／小笠原諸島
■自然分布　■自然分布（絶滅）
■外来分布　■外来かどうか不明
■在来個体群・外来個体群の両方分布
■過去に外来分布の記録あり

白くうねうねしたくだの中にすんでいる
カサネカンザシ

生態系被害防止外来種　日本ワースト100

どうやって日本に来た　船のバラスト水にまじって

　カサネカンザシは、内湾にすむゴカイのなかまです。世界各地に定着していて、日本では1970年代には太平洋側に広く定着していて、80年代には日本海側にも広がりました。幼生がバラスト水にまじったり、船底にくっついたりして運ばれてきています。

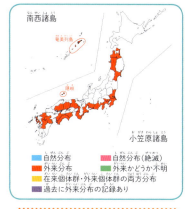

南西諸島／奄美列島／隠岐／小笠原諸島
■自然分布　■自然分布（絶滅）
■外来分布　■外来かどうか不明
■在来個体群・外来個体群の両方分布
■過去に外来分布の記録あり

なぜ害が出る　カキなどの殻にくっつく

　カサネカンザシは、体から出す液で、岩や貝殻などの上にくだのようなすみかをつくり、その中にすみます。カキなどが養殖いかだにつくときのじゃまになったり、貝殻につくと商品価値が下がったりします。

▶ホタテの貝殻についたカサネカンザシのすみか。

カサネカンザシ
（ケヤリムシ目カンザシゴカイ科）
Hydroides elegans
♠体長10〜15mm ♣インド洋〜オセアニア？ ◆宮城県、千葉県〜愛知県、大阪府、中国地方、先島諸島；ほぼ全世界 🟥その他の総合対策外来種 ★養殖貝の殻に付着して商品価値を下げる。発電所や工場の取水口について被害が出る。

 メモ　カサネカンザシは、くだから頭を出し、口のまわりの触手を動かして、水中の細かい有機物などを食べます。

81

種って、なんだろう？

強い外来生物が定着すると、在来の生物種が少なくなり、種の多様性が失われる危険があります。そもそも、種とはどんなもので、なぜ種が少なくなると問題なのでしょう。

種は自然の中で繁殖して子孫を残す

種は生物を分けていくときの基本的な単位です。昔は、外見や行動、すんでいる場所などに共通性がある集団を「種」と考えていました。しかし、最近ではこの考え方に、繁殖できるかどうかや、遺伝子のちがいなど、さまざまな要素が加わって、「種」とはこういうものという決まりが、あいまいになっています。

この本では、「自然の中でその生き物のおすとめすが繁殖し、子孫を残していくことができる集団」という考え方をします。

たとえば、ヒョウとクロヒョウは毛の色のちがいはありますが、おすとめすで繁殖して子ができ、その子も繁殖できます。しかし、ヒョウ（クロヒョウもふくむ）とライオンは、自然の中では繁殖できませんし、人工的に繁殖させた子は、繁殖する力をもっていません。このことから、ヒョウとクロヒョウは同じ種で、ヒョウとライオンは別の種といえます。

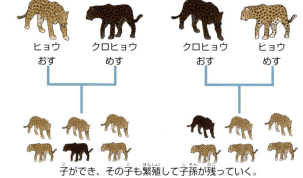

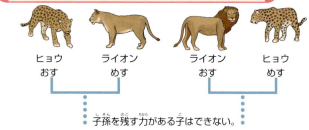

別の種でも子ができることもある

でも、ニホンザルとタイワンザル、カニクイザル、アカゲザルの場合には、別の種同士でも、子ができ、その子も繁殖して子孫を残すことができます。

アジアにすんでいるこの4種のサルは、ひじょうに近い関係にあって、尾の長さなどをのぞくと、姿もよくにています。もとは同じ種だったものが、川や海、山などで行き来がはばまれて、長い時間をかけて別の種になったのだと考えられています。

自然状態では、地図にあるように分布がはっきりと分かれていて、おたがいに出会うことはほとんどありません。しかし、人間の手で本来いないはずの場所に運ばれたものが、その場所のサルと出会った場合には、繁殖する力のある雑種の子ができることがあります。

日本をはじめ、アジアの各地で、このような雑種が発見されて、問題になっています。

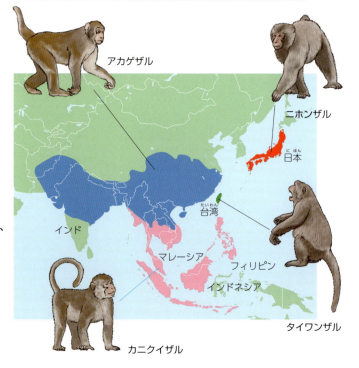

メモ　生息地が離れると、種になっていきますが、種になってからあまりたっていないと雑種をつくる力があることがあります。

同じ種同士で繁殖しても種の特徴が失われることがある

ヒラタクワガタは、アジアの広い地域に分布している種で、同じ種でも、地域ごとに特徴のちがう亜種というグループがたくさんあります。

これらの亜種は、自然状態ではおたがいに出会うことは少なく、ちがう亜種同士で繁殖して子孫が残ることもあまりありません。逆にいえば、おたがいに出会わないような状態で長い間くらしてきたために、それぞれの地域の環境にあった特徴をもつ亜種ができたのです。

しかし、クワガタムシの飼育ブームで、海外の亜種が日本で飼われたり、日本のほかの場所にすんでいる亜種が人間の手で移動されて飼われるようになってきました。飼われている亜種が自然の中に逃げだして、その場所の亜種と繁殖してしまうと、自然にはいない

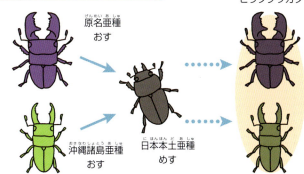

特徴をもったヒラタクワガタができてしまいます。これがいろいろな場所で起こると、もともといた亜種が少なくなり、いろいろな亜種の特徴がまじったヒラタクワガタがたくさんできてしまい、種の本来の特徴が失われてしまいます。

ヒラタクワガタの亜種

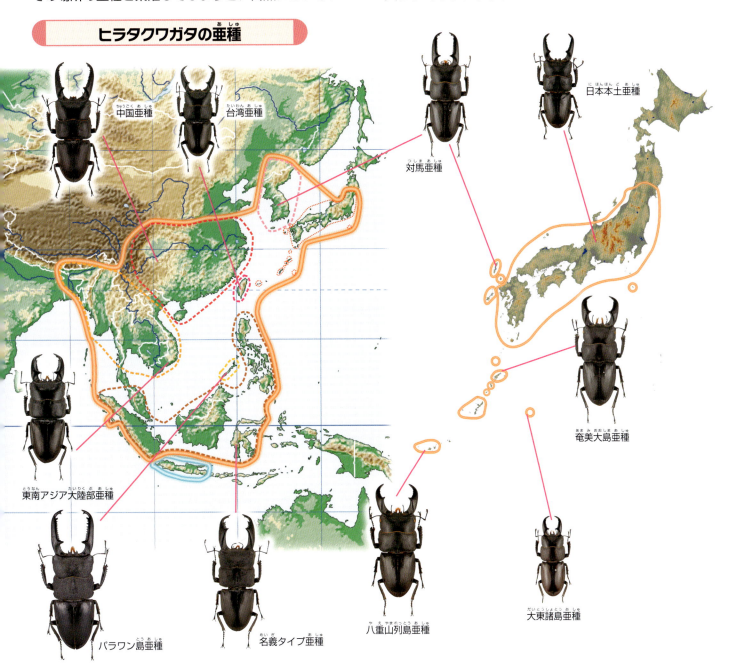

メモ　八重山列島のヒラタクワガタは大きくなるのに、台湾のヒラタクワガタはあまり大きくなりません。

ニホンザルより尾が長いサル
タイワンザル

特定外来生物
生態系被害防止外来種
日本ワースト100

タイワンザルは、台湾の林や森にすんでいるサルです。ニホンザルと同じようなくらし方をしていて、同じようなものを食べます。また、姿もよくにていますが、とても長い尾をもっています。ニホンザルと近いなかまで、異なる種ですが雑種ができ、子孫を残していくことができます。

タイワンザル
（サル目オナガザル科）
Macaca cyclopis
♠体長35〜55cm
台湾 ◆伊豆大島，大根島（静岡県），和歌山県北部；なし
緊急対策外来種 ★
ニホンザルと雑種をつくったり、競い合う。農作物を食害する。

どうやって日本に来た：動物園から逃げだしたり、放たれた

伊豆大島では1940年ごろに飼育されていたものが逃げだして、野生化しました。静岡県の大根島では、観光用に放たれたものが、数は多くありませんが定着しています。

また、和歌山県では閉園した動物園から逃げたものが定着して300頭ほどまでふえ、大きな問題になりました。青森県の下北半島には、観光用に放たれて半野生化したものがいましたが、駆除されて現在はいません。

なぜ害が出る：ニホンザルとの雑種がふえる

タイワンザルは、ニホンザルにとても近いなかまで、種は別ですが繁殖して雑種ができ、その子も繁殖して子孫をふやしていくことができます。和歌山県では、タイワンザルとニホンザルの雑種のサルがふえて、純粋なニホンザルがへってしまいました。また、定着して数がふえたタイワンザルが、農作物などを食いあらす被害も出ました。

どのように対策をとる：わなでつかまえる

和歌山県では、おり型のわなをしかけてとらえることで、2003年から10年以上かけて駆除を行いました。その結果、2018年に完全に駆除することに成功しました。

伊豆大島には、まだたくさんのタイワンザルがすみついています。伊豆大島にはニホンザルは分布していないので、雑種がふえる心配はありませんが、農業被害などが広がっているため、駆除がつづけられています。

▲木の上のタイワンザル。林や森にすむので、木のぼりは得意です。

下北半島のタイワンザルは、2004年に駆除されました。

♠大きさ ♣原産地 ◆移入地（日本；日本以外） ◘日本での評価 ◻海外での評価 ★影響や害

体の毛が赤っぽいサル
アカゲザル

特定外来生物
生態系被害防止外来種

アカゲザルはアジア南部の林や畑のまわりなどにすむサルで、タイワンザルと同じようにニホンザルとよくにています。ニホンザルより尾が長く、体の毛が赤っぽくなります。タイワンザルと同じく、ニホンザルと雑種ができ、子孫を残していくことができます。

❓ どうやって日本に来た　観光施設から逃げだした

アカゲザルは、動物園に展示したり、実験動物として利用する目的で、日本に数多く輸入されていました。そのうち、観光施設で飼育されていた中国産のものが逃げだして、定着したものです。1960年代から定着しはじめ、千葉県の房総半島南部で分布域を広げ、1995年くらいからいろいろな問題を起こしています。

アカゲザル（サル目オナガザル科）
Macaca mulatta

♠体長40〜62cm ♣アフガニスタン〜インド北部・中部〜インドシナ半島北部・中部〜大陸中国中部・南部、海南島 ◆房総半島南部；アメリカ合衆国、メキシコ、プエルトリコ、ブラジル、ラロトンガ島（クック諸島）◘緊急対策外来種 ★ニホンザルと雑種をつくったり、競い合ったりする。農作物を食害する。

✴ なぜ害が出る　ニホンザルとの雑種がふえる

アカゲザルもタイワンザルと同じように、ニホンザルにとても近いなかまです。やはり雑種をつくり、その子も繁殖して子孫をふやしていくことができます。

房総半島のアカゲザルは、自然の中でニホンザルと雑種をつくるだけでなく、動物園に入りこんで、飼われているニホンザルとも雑種をつくってしまいました。飼われていたものを調べたところ、全体の1/3ほどもが、アカゲザルとの雑種になっていました。

また、定着したアカゲザルや雑種が、農作物などを食いあらす被害も多く出ています。

南西諸島／小笠原諸島
■自然分布　■自然分布（絶滅）
■外来分布　■外来かどうか不明
■在来個体群・外来個体群の両方分布
■過去に外来分布の記録あり

▲アカゲザルとニホンザル（またはニホンザルの雑種）の雑種。尾はニホンザルより長く、とくに体の後半の毛が赤っぽいものが多く見られます。

にたタイプの外来種

カニクイザル（サル目オナガザル科）
Macaca fascicularis

♠体長40〜50cm ♣インドシナ半島南部、ミャンマー、ボルネオ、フィリピン ◆地内島（伊豆諸島の無人島）に放されて野生化していたが、1995年ごろに消滅；香港、アンガウル島（パラオ）、モーリシャス、ニューギニア ◘特定外来生物。その他の定着予防外来種 ◻世界の侵略的外来種ワースト100 ★ニホンザルと雑種をつくったり、競合する可能性。

📝メモ　カニクイザルは、まだ日本には定着していませんが、飼育・展示されているものがいるので、十分な注意が必要です。

ニホンジカと同じ種で交雑しやすい
タイワンジカ

特定外来生物
生態系被害防止外来種

タイワンジカはニホンジカの亜種の1つです。台湾が原産地で、世界各地の動物園などで飼育されていますが、野生のものは数が少なく、台湾では絶滅の危険があります。ニホンジカよりやや小型で、体の白い模様は、冬になっても消えません。

 **観光目的で連れてこられた**

日本では、観光目的で和歌山県の無人島・友ヶ島に放され、50頭ほどが定着しています。島にはニホンジカの本州にいる亜種ホンシュウジカは分布していませんが、大阪府の岬町の海岸までの距離が近く、タイワンジカが泳いで島をぬけ出し、大阪府まで渡っているようです。

ニホンジカとの雑種がふえる

タイワンジカ（ウシ目シカ科）
Cervus nippon taiouanus
▲体長150cmほど ♣台湾 ◆和歌山県 友ヶ島；なし ■その他の定着予防外来種 ★ニホンジカとの雑種をつくり、ニホンジカがへる危険がある。

タイワンジカとホンシュウジカとはニホンジカという同じ種なので、おすとめすが出会って繁殖すると、子ができます。子は種としてはニホンジカですが、亜種タイワンジカの特徴と亜種ニホンジカの特徴をあわせもつ個体で、自然では存在しないものです。

実際に、友ヶ島の対岸にある大阪府の岬町では、島から泳いできたと思われるタイワンジカとホンシュウジカの交雑個体が見つかっていて、大きな問題になっています。

このような交雑個体がふえると、純粋なホンシュウジカがへってしまい、亜種としての特徴がくずされてしまいます。

また、タイワンジカは野生のものは絶滅の危険があり、非常に数が少なくなっています。交雑によってホンシュウジカの特徴だけでなく、飼育されているタイワンジカの特徴もくずれてしまいます。

▶飼育されているタイワンジカ。体の白い模様がくっきりしています。新しく生えてきた角を漢方薬につかうために乱獲され、数がへりました。

メモ 外来生物で、原産地ではめずらしくなっているものがいます。

◆大きさ ♣原産地 ◆移入地（日本；日本以外） ⬤日本での評価 ⬤海外での評価 ★影響や害

日本にいる亜種も外来種になる
ニホンジカ

生態系被害防止外来種

ニホンジカの亜種のうち日本国内にすんでいるものは、エゾシカ、ホンシュウジカ、キュウシュウジカ、ツシマジカ、ヤクシカ、マゲジカ、ケラマジカの7種類です。これらのうち、トカラ列島のマゲジカと沖縄諸島のケラマジカ、新島の交雑亜種は、人間の手で移入されたものです。

❓ どうやって日本に来た
人の手で国内の別の場所に移入された

ニホンジカには、国内に7つほどの日本固有亜種がいます。このうち、トカラ列島の臥蛇島と鹿児島県の阿久根大島のマゲジカ（1945年）と慶良間諸島のケラマジカ（江戸時代前期）は、本来の生息地から人の手によって移入されたものです。

また、伊豆諸島の新島には、となりの地内島に導入されていたホンシュウジカとエゾシカ、ヤクシカの交雑個体を放し飼いにしたものや、泳いで海を渡ってきたものが定着しています。

✹ なぜ害が出る
植生をこわす

ケラマジカ　　　マゲジカ

ニホンジカ（ウシ目シカ科）*Cervus nippon* subspp.
◆体長90～190cm ◆日本 ◆トカラ列島など（マゲジカ）、沖縄諸島（ケラマジカ）、伊豆諸島・新島（交雑亜種）；ヨーロッパ、アメリカ合衆国、ニュージーランド ⬤重点対策外来種（新島の交雑個体）★植物を食べて植生をくずしたり、農作物を食害する（マゲジカ・交雑個体）。

移入されたマゲジカとその交雑個体は、いまのところ大きな被害はありませんが、さまざまな植物を食べるため、今後数がふえると植生をこわす危険もあります。また、農作物を食害する件数も多くなると考えられます。

ケラマジカは、移入されてから長い時間がたっていて、生息地の生態系に組みこまれた形になっているため、被害はありません。

ヤクシカとの交雑個体？

最近、富山県にすんでいるホンシュウジカを調べたところ、調べたうちの40％ほどが、ヤクシカとホンシュウジカの交雑個体らしいものでした。ヤクシカは日本では九州の屋久島と口永良部島にしかすんでいないので、自然状態では富山県で交雑個体が見つかるのはとてもふしぎなことです。

調べてみると、1990年代に富山県にヤクシカを飼育していたシカ牧場があったようで、ここから逃げたものが野生化し、ホンシュウジカとの交雑個体が生まれ、それがふえたもののようです。

見かけがホンシュウジカとかわらないため、まったく気づかないうちに、このような交雑種が生まれてふえていたのです。国内の亜種を別の場所で飼育する場合にも、十分な注意が必要なのです。

▲ヤクシカ。ホンシュウジカに比べると体が小さく、あしが短めです。

 ケラマジカは、導入されたキュウシュウジカが慶良間諸島の環境に合わせて小型化したものと考えられています。

台湾からやってきた毒ヘビ
タイワンハブ

特定外来生物 **生態系被害防止外来種**

? どうやって日本に来た ショーや薬用に輸入

タイワンハブは、日本在来のハブ（ホンハブ）と同じなかまで、中国南部や海南島、台湾原産の毒ヘビです。マングースと戦うショーや薬用につかうために、1970年くらいから台湾より輸入されていました。これが、逃げだしたものが沖縄島の名護市や恩納村に定着しました。

なぜ害が出る ハブとの雑種がふえる

ハブ（ホンハブ）との雑種が生まれ、それがふえることで在来種のハブがへっています。ハブやほかの小型のヘビとの競合も考えられます。また、ハブと同じように強い毒をもつため、人や動物などがかみつかれる事故が起こる危険があります。

▲在来種のハブ（ホンハブ）。

▲タイワンハブとハブの雑種。

タイワンハブ（有鱗目 クサリヘビ科）
Protobothrops mucrosquamatus
- 体長60〜130cm
- 中国南部、海南島、台湾
- 沖縄島（名護市・恩納村）；なし
- 緊急対策外来種
- ★在来種のヘビとの競合。ハブと雑種をつくる。かみつき事故の可能性がある。

いろいろなカメと雑種をつくる
ミナミイシガメ

生態系被害防止外来種 **日本ワースト100**

? どうやって日本に来た ペットや展示されていたものが逃げた

ミナミイシガメは、中国東南部からベトナム、台湾にすむカメで、八重山列島に分布している在来種ヤエヤマイシガメとは亜種同士の関係です。ペットや展示用に飼われていたものが逃げだし、千葉県や小笠原諸島、近畿地方、南西諸島などに定着しています。近畿地方と伊平屋島に定着したものは本亜種のミナミイシガメ、ほかの地域のものはヤエヤマイシガメか不明な亜種です。

なぜ害が出る ニホンイシガメやクサガメとも雑種をつくる

同じ種のヤエヤマイシガメはもちろん、別種のニホンイシガメやクサガメなど、いろいろなカメとの雑種をつくり、もともとの種をへらす危険があります。

▲在来亜種のヤエヤマイシガメ。

▲在来種のニホンイシガメ。

ミナミイシガメ（カメ目イシガメ科）
Mauremys mutica
- 甲長20cmほど
- 中国南部からベトナム、台湾、八重山列島
- 千葉県、京都府、大阪府、滋賀県、トカラ列島（悪石島）、伊平屋島、北大東島、慶良間諸島（座間味島、渡名喜島）；なし
- 原産地では数がひじょうに少なくなっている
- その他の総合対策外来種
- ★同種や他種の競合、雑種をつくる。

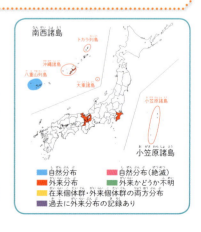

メモ　亜種ミナミイシガメと亜種ヤエヤマイシガメは、種としてはミナミイシガメ *Mauremys mutica* となります。

♠大きさ ♣原産地 ♦移入地（日本；日本以外） ▶日本での評価 ▶海外での評価 ★影響や害

在来のオオサンショウウオをへらしてしまう!?
チュウゴクオオサンショウウオ

生態系被害防止外来種

　チュウゴクオオサンショウウオは、中国の山地の河川にすむサンショウウオです。日本在来のオオサンショウウオの近縁種で、見かけもよくにています。京都府の鴨川水系などに定着していますが、最近、岡山県にも定着していることがわかりました。

❓ どうやって日本に来た　食用に輸入されたもの？

　チュウゴクオオサンショウウオは、1972年に中国から食用として輸入されたものが逃げて定着したのではないかといわれていますが、くわしいことはわかっていません。在来種のオオサンショウウオと同じような場所にすみ、大きさや見かけもよくにていますが、目がやや大きめで、体に突起が少ないなどの特徴があります。

チュウゴクオオサンショウウオ
（有尾目オオサンショウウオ科）*Andrias davidianus*
♠体長100〜150cm ♣中国の山岳地域 ♦京都府、岡山県；なし
重点対策外来種 ★在来種オオサンショウウオとの雑種をつくり、在来種の数をへらしてしまう。在来種と競い合う可能性がある。

▲チュウゴクオオサンショウウオ。目がやや大きく、口先が平らな感じです。

✴ なぜ害が出る　在来種との雑種がふえている

　京都府の鴨川水系では、在来種がへり、チュウゴクオオサンショウウオとの雑種がひじょうにふえています。全体の7割以上が雑種になっているようで、在来種に大きな影響をあたえています。
　また、最近は岡山県でも雑種が見つかっていて、調べたところ3代目の雑種でかなり以前からチュウゴクオオサンショウウオが定着していたらしいことがわかりました。

▶チュウゴクオオサンショウウオとオオサンショウウオの雑種。見かけはチュウゴクオオサンショウウオとほとんど同じで、見分けがつきません。

📝 メモ　チュウゴクオオサンショウウオは、食用にされていてつかまえる人が多く、中国でとてもへっています。

害をおよぼさないものもいる

　日本には、さまざまな外来生物が侵入してきて、その数は年々ふえています。しかし、日本に侵入したもののうち、定着するものは10%ほどで、そのうち環境などに深刻な害をおよぼすものは、さらにその10%ほどしかいません。

▌都市化が進むとすみ場所ができるセイヨウタンポポ

　セイヨウタンポポは、1904年に北アメリカから入ってきて北海道に定着し、その後全国へと広がりました。セイヨウタンポポの分布の拡大に合わせて、在来のニホンタンポポの分布が縮小しているため、外来種が在来種を追いやってふえているように見えます。しかし実際には、都市化などによってニホンタンポポが生息できる環境がこわされた場所に、セイヨウタンポポが入りこんでいるようです。

　植物の場合、このように外来種が在来種を圧迫するのではなく、都市化や開発が原因になっていて、害をおよぼさないものも多く見られます。

　ただ、最近ではセイヨウタンポポのなかでもニホンタンポポとの雑種をつくるものがあることがわかりました。純粋なニホンタンポポの数をへらすようになっていることが問題になっています。

▲在来種のニホンタンポポ。田畑のあぜや、土手、雑木林の中など、昔からの自然が残された場所に多く見られます。

▼道ばたの草むらのセイヨウタンポポ。空き地や宅地、駐車場、公園、線路ぎわなど、もともとの自然がこわされた場所に多く見られます。

シロツメクサは雑草？牧草？

　シロツメクサやアカツメクサは、牧草として日本に導入され、それが野生化して、全国各地で見られます。畑や花だんなどに入りこんでふえると、雑草としてあつかわれますが、牧草や緑化植物として役に立っている場合もあります。オオイヌノフグリやハルジオン、ヒメジョオンなども、春の野の花としてよく知られている外来種です。

　これらは外来生物ですが、ほかの植物をおしのけてしまうような、きわだった害はおよぼしません。

▲早春の土手や空き地などにさくオオイヌノフグリ。

▲集合住宅の緑地にさいているシロツメクサとムラサキツメクサ、ハルジオン、セイヨウタンポポ。

初夏の川原は外来種だらけ

日本のさわやかな初夏の風景に見えますが、よく見ると植物は外来種がいっぱいです。どんな外来種が生えているか、見てみましょう。

▲ナガミヒナゲシ（地中海沿岸原産）　　▲オッタチカタバミ（北アメリカ原産）　　▲ムラサキツメクサ（ヨーロッパ〜西アジア原産）

　川原は増水して土が流されるので、あれやすい土地です。

▲ハルジオン（北アメリカ原産）

▲セイヨウカラシナ（ヨーロッパ原産）

▲カラスムギ（ヨーロッパ～西アジア原産）

▲ヘラオオバコ（ヨーロッパ原産）

▲ユウゲショウ（北アメリカ～南アメリカ原産）

▲ヤセウツボ（地中海沿岸原産）

メモ　ハルジオンの花にはいろいろな昆虫がきます。

地面や水面をおおう植物の害

外来植物のなかには、地面や水面をおおうようにかたまって生えるものがあります。花がさくときなどは、あたり一面が同じ色でうめつくされてきれいに見えますが、ほかの植物や動物に害をおよぼす場合もあります。

すきまなくかたまって生え、葉を茂らせる

　セイタカアワダチソウは、土手や空き地など、やや湿った場所に生える外来植物です。夏の終わりから秋にかけて、大きなものでは2mほどの高さになり、茎の先にたくさんの小さな花がさきます。場所によっては、かたまってすきまなく生え、あたり一面、黄色いじゅうたんをしいたように見えることもあります。

　茎が上の方で分かれて茂り、となり同士がくっつくように生えるので、花と葉の屋根でおおわれたような状態になり、地面近くには光がとどかず、暗くなってしまいます。セイタカアワダチソウ自体は、うす暗い場所でも成長できますが、ほかの植物が芽を出すことができにくく、背の低い植物は光合成ができないため成長できません。さらに、根を深くはって、地下の栄養をたくさん吸い上げて、栄養の少ない土地をつくってしまいます。

　このような状態になると、それまで生えていた植物が追いやられ、そこにすんでいた動物も、食べ物やすみかをうばわれてしまいます。

▼秋の土手にさくセイタカアワダチソウ。川の土手一面をおおうように茂っています。

メモ　植物は太陽の光をつかって、栄養をつくることができます。

水面をおおうように広がる

ホテイアオイは、池や沼、川の流れのゆるやかな場所で育つ外来植物です。浮きぶくろのように空気が入った茎を四方にのばして葉を広げ、水面に浮かんでいます。

よごれた水にも強く、十分な光をあびることができれば、水中にたらした根から栄養を吸い上げ、のばした茎（ランナー）の先から芽を出して、どんどんふえて、水面が見えなくなるほど茂ります。

根の働きで水を浄化しますが、水面がおおわれるために水中に光がとどかず、植物プランクトンが育ちにくくなってしまいます。その結果、水中にすむ植物や動物がくらしにくい環境ができてしまいます。

▶水面をおおうようにおい茂ったホテイアオイ。青紫色の美しい花をさかせています。

ほかの植物におおいかぶさる

アレチウリも、土手や空き地などでよく見かける外来植物です。つる性の植物で、まきひげをつかってほかの植物などにからみついてよじのぼりながら、のびていきます。茎の長さは数十mにもなり、枝分かれして葉を茂らすので、地面や草、木などをシートをかぶせたようにおおってしまいます。アレチウリだけが光をあびて成長し、下になった植物は光がとどかずに枯れてしまいます。1年生の植物なので冬には枯れますが、大量に種子をつくって地表にばらまくので、ほうっておくと毎年生えて、どんどん広がっていきます。

▲アレチウリ。つるをのばし、葉をいっぱいに広げてあたり一面をおおいます。

95

メダカの鉢に浮かんでいる水草が野外では

ホテイアオイ

生態系被害防止外来種 世界ワースト100 日本ワースト100

ホテイアオイは南アメリカ原産の水草で、水面に浮いた状態でのばした花茎の先に青紫色の美しい花をさかせます。観賞用に池や水鉢などでも栽培されたり、水質浄化のために導入されたりもしています。本州以南の各地の池や沼、田んぼ、水路などに定着しています。

❓ どうやって日本に来た 観賞用に輸入され、野外に放たれた

明治時代の中ごろに、観賞用や家畜の飼料用に輸入されました。観賞用としては、庭や公園の池や水鉢などで栽培されています。これらが野外に放たれたりし、屋外栽培のものが自然環境に定着しはじめたのは1972年で、現在は北海道をのぞく各地に定着しています。

▶水面に浮かんで花をさかせているホテイアオイ。葉のつけねの大きくふくらんだ部分（円内）は、中がスポンジ状になっていて空気をたくさんふくんでいて、浮きぶくろの役割をしています。

すきまなく水面に広がっているホテイアオイ。セイタカアワダチソウと同じように、根からほかの植物の成長をじゃまする物質も出します。

📝メモ　草で水面がおおわれると、水草などに光がとどかなくなります。すると栄養をつくれないので、水草などは枯れてしまいます。

🔺大きさ 🍀原産地 ◆移入地(日本；日本以外) 🟥日本での評価 🟧海外での評価 ★影響や害

なぜ害が出る 繁殖力が強く水面をおおいつくす

ホテイアオイは、水中にのばした根から栄養を吸いあげ、広げた葉で日光をうけて成長します。条件がよいとイチゴと同じようにランナー（ほふく枝）という茎を四方にのばして、その先に子株ができるので、夏場には短期間で水面をおおいつくすほど茂るため、「悪魔の水草」ともよばれています。

水面をおおいつくすと、漁業や船の移動をじゃましたり、水中に光がとどかなくなって、ほかの水草や植物プランクトンや、水生動物のくらしをさまたげたりします。また、冬にいっせいに枯れると、水質を悪化させたりもします。

ホテイアオイ（ツユクサ目ミズアオイ科）
Eichhornia crassipes

🔺高さ10〜150cm 🍀南アメリカ ◆本州、四国、九州、伊豆諸島、南西諸島；朝鮮半島、台湾、北アメリカ、ヨーロッパ、アフリカ、オセアニア、ハワイ諸島 🟥重点対策外来種 ★在来植物やイネと競い合う。水面をおおうことで、漁業や水運を妨害をする。水温低下、水質低下、水中への日光の不足などを引き起こし、水生生物のくらしをじゃまする。

どのように対策をとる ふえる前にとる

ホテイアオイは、水温が高くなる夏にいっきにふえるので、初夏に目につきだしたら、手や網などをつかってこまめにとりのぞきます。

また、水中に種子をばらまきますが、日本では種子でふえる率がかなり低いので、冬のあいだに、枯れずに残っているものをとりのぞくことで、翌年の発生をおさえることができます。

▶手と網をつかって、水面からホテイアオイをとり去っています。高温期になるといっきにふえるので、水面がおおわれる前に作業した方が楽です。

📝メモ　ホテイアオイは、ウォーターヒヤシンス（英語）とかホテイソウともよばれます。

97

小さなシダが集まって水面をおおいつくす
アゾラ・クリスタータ

特定外来生物 **生態系被害防止外来種**

? どうやって日本に来た　アイガモのえさとして導入

アゾラ・クリスタータは、熱帯産の小さなシダで、水面に浮いてくらします。米づくりに利用するアイガモのえさにするため、田んぼなどに導入しています。これが水鳥などの体についてほかの水辺に運ばれ、1990年代から各地に定着しています。

なぜ害が出る　水面をおおって光をさえぎる

小さな植物ですが、くっつきあって水面をおおうように広がるので、光をさえぎり、水中を暗くして、水温も下げます。水生植物や水生昆虫などのくらしをさまたげる危険があります。また、在来種のウキクサと競い合い、おしやってしまいます。

アゾラ・クリスタータ
（サンショウモ目 アカウキクサ科）
Azolla cristata

- 全長1～4cm
- アジア・アフリカ・アメリカの熱帯域
- 本州・四国・九州の各地；西ヨーロッパ、エジプト
- 緊急対策外来種
- 在来種のアカウキクサやオオアカウキクサと競い合う。雑種をつくる。

▲水面いっぱいに広がるアゾラ・クリスタータ。

（地図：南西諸島／小笠原諸島　在来分布／移入・在来両方／移入分布／在来かどうか不明）

おしつぶしたレタスのような水草
ボタンウキクサ

特定外来生物 **日本ワースト100** **生態系被害防止外来種**

? どうやって日本に来た　観賞用に輸入され、栽培もされた

ボタンウキクサは、南アフリカ原産の水草で、沼や池、田んぼ、水路などの水面に浮かんで、レタスのような葉を広げます。葉は厚みがあり、中にたくさんの空気をふくんでいます。葉の形から、英語ではウォーターレタスとよばれます。

1920年代に沖縄と小笠原諸島に導入され、1990年ごろから、各地に広がって定着しました。

なぜ害が出る　繁殖力が強く水面をおおう

ホテイアオイと同じように、ランナーをのばして子株をつくります。繁殖力が強く、短期間で水面をおおいます。こうなると、水中に光がとどかなくなって、ほかの水草や植物プランクトンや、水生動物のくらしをさまたげます。

また、田んぼなどに入りこむと、イネの成長をじゃまします。ホテイアオイと同じく、根からほかの植物の成長をじゃまする物質を出します。

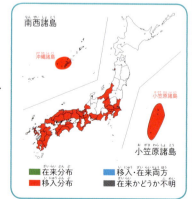

（地図：南西諸島／沖縄諸島／小笠原諸島　在来分布／移入・在来両方／移入分布／在来かどうか不明）

ボタンウキクサ
（オモダカ目 サトイモ科）
Pistia stratiotes

- 葉の大きさ30cmほど
- 南アフリカ
- 関東地方以西、四国、九州、南西諸島、小笠原諸島；アジア、オーストラリア、アメリカ大陸
- 緊急対策外来種
- 在来植物やイネと競い合う。水面をおおうことで、水温低下、水質低下、水中への光線の不足をまねく。

メモ　アイガモを田に放して、農薬をつかわずに米をつくる農法を、「アイガモ農法」といいます。

♠ 大きさ ♣ 原産地 ♦ 移入地（日本；日本以外） 🟥 日本での評価 🟢 海外での評価 ★ 影響や害

生態系被害防止外来種　日本ワースト100

地面をおおう黄色い屋根
セイタカアワダチソウ

　セイタカアワダチソウは、北アメリカ原産の背の高い草です。夏の終わりから秋に、茎の上部に小さな黄色い花をふさのようにさかせます。ほぼ全国的に定着していて、土手や空き地、休耕田、線路ぎわなど開けた場所にかたまって生えます。

 ミツバチがみつをとる植物として導入

　1900年ごろ、観賞用や、ミツバチがみつをとるための植物として導入されました。1960年代になると各地で大発生し、注目をあびるようになりました。秋の終わりまで花があるので、花が少なくなる時期にミツバチがみつや花粉を集める花になります。

セイタカアワダチソウ
（キク目キク科）
Solidago canadensis

♠ 高さ1～2.5m（4m以上になることもある）♣ 北アメリカ ♦ ほぼ全国；なし 🟥 重点対策外来種 🟢 北アメリカでは、ハーブティーなどに利用される ★ ススキやヨシなどの在来種と競い合う。地面をおおいつくしてほかの生物のくらしをじゃまする。

◀セイタカアワダチソウの花にみつを集めにやってきたセイヨウミツバチ。

 ほかの植物をおしのける

　密集して生えるので、地面に光が当たりにくくなって、ほかの植物が生えにくくなります。また、ススキやヨシなどの生育をじゃまする物質を根から出し、自分たちだけがかたまって生えるような環境をつくってしまいます。しかし、何年かすると自分もその物質の影響で生育しにくくなってしまって、ススキやヨシにふたたびおきかわっていく場所もあります。

▲地面に近い部分は葉が少なく、上側に葉や花が密集してつくので、密集すると地面に光がとどきにくくなります。

▲ススキなどの在来種がふえてきた土手。

📝メモ　セイタカアワダチソウは、セイタカアキノキリンソウともよばれます。花粉は風では飛ばず、アレルギーの原因にはなりません。

99

いろいろな環境に生える
ヒメジョオン

生態系被害防止外来種 日本ワースト100

❓どうやって日本に来た　園芸品種として

ヒメジョオンは、ハルジオンによくにた花です。江戸時代の末（1865年ごろ）に園芸品種として入ってきて、数年で野生化して定着しました。現在はほぼ日本全国に広がっていて、道端や空き地、農地、牧草地、草原や高山まで、さまざまな環境で見られます。

ヒメジョオン
（キク目 キク科）
Erigeron annuus
- 高さ50〜130cm　北アメリカ
- 北海道〜九州；ヨーロッパ、アジア
- その他の総合対策外来種　低地から高山まで幅広く分布し、在来種と競い合っておしのけたり、ほかの植物が生育しにくい物質を出してへらす。

☀なぜ害が出る　希少な在来種を追いやる

低温にも強く、ほかの植物を生育しにくくする物質を出します。湿原や高山など、希少な在来種が生えている場所にまで分布を広げていて、霧ヶ峰や八ヶ岳、尾瀬や戦場ヶ原などで問題になっています。

▶高い山に生えているヒメジョオン。ウスバシロチョウがみつを吸っています。

南西諸島／小笠原諸島
- 在来分布
- 移入分布
- 移入・在来両方
- 在来かどうか不明

動物が食べると中毒を起こす危険も
ナルトサワギク

特定外来生物　生態系被害防止外来種

❓どうやって日本に来た　シロツメクサのたねに混ざって

ナルトサワギクは、小型のキクのなかまで、直径2cmほどの黄色い花がたくさんさきます。1976年に徳島県の鳴門市で見つかりました。埋立地や造成地、空き地、道端などにかたまって生えます。埋立地の緑化につかうシロツメクサなどのたねにまじって日本に入ってきました。乾燥にも強く、温暖な地域では一年中花をさかせ、たねをまきちらします。コウベギクともよばれます。

▲埋立地にかたまって生えているナルトサワギク。

☀なぜ害が出る　動物が食べると中毒を起こす危険も

乾燥やあれた環境に強いので、埋立地や造成地にもすぐに生え、ほかの植物を生えにくくさせる物質を出して、かたまってふえていきます。動物が食べると中毒を起こす成分をふくんでいるので、危険です。オーストラリアでは、牧草地などに入りこんで問題になっています。

南西諸島／小笠原諸島
- 在来分布
- 移入分布
- 移入・在来両方
- 在来かどうか不明

ナルトサワギク
（キク目 キク科）
Senecio madagascariensis
- 高さ20〜50cm　アフリカ東部
- 福島県、千葉県、静岡県、京都府をのぞく近畿地方、岡山県、香川県、徳島県、高知県、佐賀県、福岡県など；アメリカ大陸、ハワイ諸島、オーストラリア、アフリカ南部など　緊急対策外来種　道端や空き地などに生え、ほかの植物が生育しにくい物質を出してへらす。

📝メモ　茎を折ってみると、ヒメジョオンの茎はつまってますが、ハルジオンの茎はパイプのようになっています。

▲大きさ ♣原産地 ◆移入地（日本；日本以外）🟢日本での評価 🟢海外での評価 ★影響や害

特定外来生物　日本ワースト100　生態系被害防止外来種

川原や線路ぎわなどにかたまって生える
オオキンケイギク

❓どうやって日本に来た　観賞用・緑化用の植物として

オオキンケイギクは、初夏にキバナコスモスににた黄色い花がさく多年草です。1880年代に観賞用や、土地の緑化植物として導入されました。現在は、ほぼ全国的に定着していて、造成地や土手、道路や線路ぎわの土地にかたまって生えているのが見られます。

オオキンケイギク（キク目 キク科）
Coreopsis lanceolata
▲高さ30〜70cm ♣北アメリカ ◆沖縄をふくむほぼ全国；台湾、オーストラリア、ニュージーランド、サウジアラビア、南アメリカなど 🟥緊急対策外来種 ★川原などに生える在来種と競い合っておしのける。

☀なぜ害が出る　川原に生える在来種を追いやる

土手や川原で茂ると、地面の近くが暗くなって、ほかの植物が生えにくくなります。オオキンケイギクが群生している川原では、各地で在来の川原の植物の数がへっています。

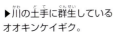
▶川の土手に群生しているオオキンケイギク。

在来分布／移入分布／移入・在来両方／在来かどうか不明

昔はかわいがられ、今はじゃまもの
オオハンゴンソウ

特定外来生物　生態系被害防止外来種

❓どうやって日本に来た　観賞用に輸入された

オオハンゴンソウは、高さ3mにもなる大型の多年草で、夏に直径7cmほどの黄色い花がさきます。明治時代の中ごろに観賞用の植物として輸入され、栽培されるようになりました。野外で見つかったのは1955年で、このころから分布が広がり、現在では全国各地に定着し、土手や空き地、道端、農地、湿原などで見られます。

☀なぜ害が出る　大量のたねをつくり地下茎でもふえる

オオハンゴンソウは、1株で1600粒ものたねができ、そのたねが土にうまったまま長期間生きつづけます。また、地下茎でもふえることができます。
湿った土地を好み、寒さにも強いので、湿原などに入りこむといきおいよくふえます。丈の低い植物などにおおいかぶさり、成長をさまたげます。日光の戦場ヶ原や青森県の奥入瀬渓谷で爆発的にふえ、問題になっています。

オオハンゴンソウ（キク目 キク科）
Rudbeckia laciniata
▲高さ50cm〜3m ♣北アフリカ ◆北海道から沖縄までの各地；中国など 🟥緊急対策外来種 ★在来植物と競い合う。湿原などに茂って、在来植物を追いやる。

メモ　オオハンゴンソウは、園芸用に品種改良が行われました。

101

日本ワースト100

ダムなどの土砂をとどめる働きも
イタチハギ

❓ どうやって日本に来た　護岸や緑化植物として

イタチハギは、北アメリカ東部とメキシコ原産のマメ科の低木です。日本には川の護岸や道路や線路ぎわの斜面の緑化用の植物、観賞用植物として、1912年に韓国から輸入され、現在も利用されています。高温や乾燥に強く、低地から高山地帯まで、全国に定着しています。

イタチハギ（マメ目 マメ科）
Amorpha fruticosa

♠高さ1〜1.5mほど ♣北アメリカ ♦ほぼ全国；東アジア、ヨーロッパ ★海岸から高山まで幅広く分布し、とくに在来の高山植物などの数をへらす。外来種のゾウムシが豆について日本に侵入している。

在来の高山植物を追いやる

土の中の空気にふくまれる窒素を根で栄養として利用することができるため、あれた土地でも元気よく育ちます。岩場が多い高山地帯などでは、希少種の高山植物をおしのけてふえてしまいます。また、豆につく外来種のゾウムシが、付着して日本に侵入しています。

▶えだの先に長さ30cmにもなる花のふさがつき、たねが1粒入った豆がたくさんできます。

南西諸島／小笠原諸島
■在来分布　■移入・在来両方　■移入分布　■在来かどうか不明

大量のたねをまき散らす
ナガミヒナゲシ

❓ どうやって日本に来た　観賞用の花として

ナガミヒナゲシは、初夏にオレンジ色の花がさくケシのなかまです。観賞用の花として輸入されていましたが、1961年に初めて東京で定着しているのが発見されました。2000年以降、爆発的に分布を広げ、現在では全国的に定着し、道端や空き地、農地、土手、牧草地など、さまざまな場所で目にします。

ナガミヒナゲシ（キンポウゲ目 ケシ科）
Papaver dubium

♠高さ20〜60cm ♣地中海沿岸 ♦日本全国；アメリカ大陸、アジア、オセアニア、アフリカ北部 ★場所を選ばず生え、ほかの植物が生育しにくい物質を出してへらす。農作物に被害をおよぼす。

1株で15万粒のたねができる

日当たりがよく、乾いた栄養豊富な土地ならば、場所を選ばず生えます。1年草で、初夏にたねをばらまいたあとに枯れて、秋には芽を出して、ロゼットの形で冬を越します。コップ形の実には小さなたねが1500粒も入っていて、1株で最高100この実をつけるので、大量の種がばらまかれます。さらに、ほかの植物の生育をじゃまする物質を出すので、在来種や農作物に深刻な被害をおよぼします。

▲工事現場の壁ぎわに生えたナガミヒナゲシ。

南西諸島／小笠原諸島
■在来分布　■移入・在来両方　■移入分布　■在来かどうか不明

 ナガミヒナゲシは5〜6月にかわいい花をさかせます。

♠大きさ ♣原産地 ◆移入地（日本；日本以外） ◼日本での評価 ◻海外での評価 ★影響や害

園芸植物として入ってきた外来種

日本には1500以上の外来の植物が定着しています。そのなかで、身近な場所で見かけるものには、園芸植物として日本に入ってきたものが少なくありません。栽培していたものを野外にすてたり、種が風や動物について運ばれたり、土手などに植えられたりして、全国的に広がっていったものがたくさんあります。

▶土手にさいているコスモスとキバナコスモス（どちらもメキシコ原産）。

▲キキョウソウ（北アメリカ原産）。

▲カモミール（ヨーロッパ原産）。

▲ムスカリ（地中海沿岸から西南アジア原産）。

▲ハナトラノオ（北アメリカ東部原産）。

▲キショウブ（ヨーロッパ〜西アジア原産）。

▲ツルニチニチソウ（ヨーロッパ原産）。

▲イモカタバミ（南アメリカの高地原産）。ムラサキカタバミににていますが、花の中心部分が濃いピンク色です。

▲タカサゴユリ（台湾原産）。

メモ　多くの外来種は人里や住宅地、荒れ地で見られます。

からみついて、おおいかぶさる
アレチウリ

特定外来生物 **日本ワースト100** **生態系被害防止外来種**

❓ どうやって日本に来た 輸入大豆にまじって侵入

アレチウリは、北アメリカ原産のつる性植物です。1952年、輸入した大豆にまじって日本に入り、農地などから野生化し、たねがまざった土がうめ立てにつかわれたり、川の増水時に下流に運ばれたり、鳥が運んだりして、全国に広がりました。

アレチウリ（マメ目 マメ科）
Sicyos angulatus
- つるの長さ十数mになる
- 北アメリカ　ほぼ全国；世界各地　緊急対策外来種　★河川敷や土手の在来種をへらす。イネや農作物の成長をじゃまする。

おおいかぶさって

アレチウリは、まきひげで植物や物にからんでつるをのばし、おおいかぶさるように成長します。茂った大きな葉の下になった植物は、光が当たらなくなって枯れてしまいます。また、1年草で秋に枯れますが、大量のたねを地面にばらまくので、毎年見られます。

▲まきひげをのばしてほかの植物にからみついたアレチウリ。

水辺の景色をかえてしまう
ハリエンジュ

生態系被害防止外来種 **日本ワースト100**

❓ どうやって日本に来た 庭木や街路樹、緑化植物として導入

ハリエンジュは、マメ科の高木で、「ニセアカシア」ともよばれます。庭木や街路樹、海岸や川岸、はげ山などの緑化植物として、明治時代初期からつかわれてきました。また、養蜂業では、蜜源としてさかんに利用されています。現在ではあまり利用されませんが、全国の川沿いや海岸沿いなどで見られます。

ハリエンジュ（マメ目 マメ科）
Robinia pseudoacacia
- 高さ25m　北アメリカ　ほぼ日本全国；世界中
- 産業管理外来種　★クロマツやアカマツ、ヤナギなどの木とおきかわり、海岸や川沿いの地域の植生をかえてしまう。

あれた土地にも生え、風景をかえる

マメ科の植物は、根に土の中の空気にふくまれる窒素を栄養として利用することができ、あれた土地でも元気よく育ちます。

また、ほかの植物を育ちにくくする物質も出します。海岸や川沿いのあれた土地では、アカマツやクロマツとおきかわって、そこになかったつる性植物などをよびこんで、風景をかえてしまいます。

▲ハリエンジュの林。

 2017年にハリエンジュを釧路湿原に植えたことが問題になりました。

♠大きさ ♣原産地 ◆移入地（日本；日本以外） ⬢日本での評価 ⬡海外での評価 ★影響や害

住宅地のまわりは外来種だけ
セイヨウタンポポ

[特定外来生物] [日本ワースト100]
[生態系被害防止外来種]

セイヨウタンポポ
（キク目 キク科）
Taraxacum officinale

♠ 高さ30〜70cm ♣ ヨーロッパ ◆ ほぼ全国；アメリカ大陸、アジア、オーストラリア、アフリカ ⬢外来性タンポポ種群として重点対策外来種 ★在来種と雑種をつくる。高山植物などを追いやる。

❓どうやって日本に来た　食用や飼料として導入

1904年、食用として札幌市に導入されたものが定着し、それ以降も飼料用として各地に導入され、それが分布を広げて全国に定着しました。種子は受粉しなくても育ち、風でさまざまな場所に運ばれ、芽を出します。多年草で、ロゼット葉を広げて冬を越します。

✴なぜ害が出る　在来種との雑種もつくる

環境が悪化した場所や在来種のタンポポがすめない場所に分布を広げています。在来種との雑種をつくることもあり、純粋な在来種がへることが心配されます。また、山道などから侵入し、亜高山帯や高山植物が生える場所などに広がることが心配されています。

▲山地の休耕田に生えるセイヨウタンポポ。

南西諸島　隠岐　小笠原諸島
■在来分布　■移入・在来両方　■移入分布　■在来かどうか不明

タンポポの地図をつくってみよう

家のまわりには、どれくらいセイヨウタンポポが生えているでしょう？　在来のタンポポは、どんなところに残っているでしょう？　地図をもって、家のまわりのタンポポをさがし、セイヨウタンポポと在来種のタンポポの生えている場所をかきこんでみましょう。家のまわりには、在来のタンポポが残っているでしょうか？

▲家のまわりのタンポポの地図。★がセイヨウタンポポ、★が在来種のタンポポです。

在来種との見分け方

セイヨウタンポポと在来のタンポポを見分けるときには、花のつけねをつつんでいる総苞の部分を見ましょう。外来種のセイヨウタンポポとアカミタンポポの総苞は、外側に大きくそりかえっています。これに対して、在来種の総苞はそりかえらず、花の根元を包んでいます。また、花が白いものは、シロバナタンポポという在来種です。

▲セイヨウタンポポ。総苞が外側にそりかえっています。

▲在来種のタンポポ。総苞がそりかえりません。

▲花が白いシロバナタンポポ。在来種の1つです。

メモ　セイヨウタンポポとニホンタンポポは、めったに雑種をつくりません。

あれた環境に入りこむ外来の植物

外来の植物には、ほかの植物があまり生えていないあれた環境に入りこむものがいます。このような環境で育つことができるものは、とても生命力が強く、成長もはやく、ほかのものをおしのけて群生しているのがよく見られます。

空き地や川原、宅地、埋立地などに広がる

建物がとりこわされてそのままになっている空き地や、耕作されなくなった田畑、土地を掘りかえしたり土を足したりしてつくられる宅地や、新しくつくられた道路や鉄道のわきの土地などは、元々あった植物がとり去られて何も生えていない状態になっています。土にふくまれる栄養や水分が少なく、また日差しをさえぎるものもないため、ふつうの植物にとってはきびしい環境です。雨がふると川の水がふえ、水にしずむ川原の土地も、同じです。

しかし、ほかの植物が生えていないので、新しくやってきた植物にとっては、入りこみやすい環境ともいえます。このような場所に入りこんだ外来の植物のうち、生命力の強いものが生き残って、空いていた土地でふえて問題になっています。

▲まち中の空き地は、いろいろな植物で地面をおおわれていますが、生えているのはほとんど外来の植物です。

▲アスファルトのすきまにも生えるセイヨウタンポポ。

▲コンクリートで護岸され、岸の植物や、水草などがなくなった場所でふえているオランダガラシ（クレソン）。

◀鉄道の線路わきに生えているクジャクソウ。

自然の豊かな場所には入りこみづらい

　生命力が強い外来の植物も、どこにでも入りこんで生えているわけではありません。自然が豊かで、在来種の植物がたくさん生えている場所には、外来種もなかなか入りこむことはできません。また、セイタカアワダチソウのように、いったん入りこんで群生していた場所でも、10年くらいたつと自分たちが入りこんだことで変化した環境に耐えられなくなります。そのため、だんだんといきおいを失って、もともと生えていた在来種のススキやヨシなどがいきおいをますような場合が少なくありません。

▶いきおいを失ったセイタカアワダチソウにかわって、いきおいをとりもどしてきたススキ。

湿原や高い山の岩場などに入りこむこともある

　湿原や高い山の岩が多い場所には、数が少なく貴重な在来の植物が生えています。一見、自然が豊かな土地に見えますが、日差しや風が強く、土地の水分や栄養が少ない場所です。ある意味では、外来の植物が好む、あれた土地です。

　人が多く入りこむ場所ではないので、これまでは自然が守られてきましたが、観光や趣味で訪れる人がふえてくると、服や靴、荷物などにくっついて、外来の植物が入りこむ機会がふえてきます。貴重な在来の植物を守るために、外来の植物を持ちこまないようにしたり、見つけたらすぐにとりのぞくなど、十分な注意が必要です。

◀北海道の大雪山。小石や岩などが多く、寒さや強い風など、きびしい環境の土地ですが、チングルマやイワウメなど、いろいろな高山植物が生えています。

▶長野県白樺湖周辺の草原。周辺をふくめると亜高山帯や高層湿原のさまざまな植物が生えています。

107

日本から海外に出た外来種

外国から日本にやってきた外来種とは逆に、日本にすんでいる生物が海外に侵入して外来種となり、問題を起こしているものもあります。

天敵がいない場所でいっきにふえて問題を起こす

日本では大きな問題を起こしていない生物も、天敵がいなかったり、天候などの環境のちがう海外では爆発的にふえて問題を起こすものがいます。イタドリやクズ、ススキなどの植物から、マメコガネなどの昆虫、さらには日本では食用に利用されているワカメなど、場所がかわると大きな害をおよぼします。

▼アメリカで大繁殖して問題になっているクズ。日本でも川原などで茂りますが、アメリカでは規模のちがう茂り方になっています。

▲大きさ ♣原産地 ◆移入地（日本；日本以外） 🛑日本での評価 🟢海外での評価 ★影響や害

ロシアからヨーロッパ各地に
タヌキ

生態系被害防止外来種

❓どうやって世界へ出た　毛皮用に輸出したもの

タヌキはもともと東アジアだけにすむ動物ですが、1928年に毛皮をとるためにロシアに輸出され、そこから飼われていたものなどが野生化し、ポーランドからドイツを経て、北ヨーロッパや東ヨーロッパへと定着し、最近はフランスやイタリアにも分布を広げています。

タヌキ（ネコ目 イヌ科）
Nyctereutes procyonoides
▲体長50〜60cm ♣日本、ロシア南東部〜ベトナム北部など ◆隠岐諸島知夫里島、屋久島；ロシア西部、ヨーロッパ 🛑重点対策外来種 ★キツネと競い合う。農作物を食いあらす。狂犬病を広める。

✴なぜ害が出る　農作物を食いあらす

同じような環境にすむノイヌやノネコのように、ごみをあさったり農作物を食いあらしたりする被害が出ています。また、狂犬病にかかって、ほかの動物や人にうつす危険もあります。日本でもタヌキがいなかった隠岐諸島や屋久島に持ちこまれ、定着して被害が出ています。

▲ドイツで野生化したタヌキ。

▲タヌキやカラスに食いあらされたトウモロコシ（日本）。

ハンターの銃から逃れてふえる
ニホンジカ

❓どうやって世界へ出た　狩猟用や食用として導入

19世紀に狩猟用にイギリス（スコットランド）に輸出されたのにはじまり、ヨーロッパ各地やアメリカ合衆国にも導入されました。また、シカのいなかったニュージーランドには食用としても導入され、飼育されているものが逃げて定着しています。

▶ドイツに定着しているニホンジカ。

✴なぜ害が出る　植物を食いあらし雑種をつくる

ヨーロッパやアメリカには、ニホンジカと近縁のアカシカやアメリカアカシカが分布しています。これらと競い合って追いやったり、雑種をつくることが問題になっています。
また、ニホンジカがふえすぎた地域では、森林の下草を食いあらしたり、農作物を食べる被害が大きな問題になっています。

ニホンジカ（偶蹄目 シカ科）
Cervus nippon
▲体長90〜190cm ♣日本、ロシア南東部〜ベトナム北部など ◆伊豆諸島新島；ヨーロッパ各地、アメリカ合衆国、ニュージーランド、マダガスカル島など ★侵入地域の在来種（アカシカやアメリカアカシカなど）との雑種をつくってしまう。森林の下草や農作物を食いあらす。

📝メモ　慶良間諸島にいるニホンジカ（ケラマジカ）は、海を泳いで島を渡ります。

109

ジャパニーズビートルの名でおそれられる害虫
マメコガネ

マメコガネ
（コウチュウ目 コガネムシ科）
Popillia japonica
♠ 体長9〜13.5mm ♣ 日本全土
◆ なし；アメリカ合衆国、アゾレス諸島、イタリア、スイス 🇯🇵 日本では農作物の被害は少ない
★ 大量発生して農作物を食いあらす。

❓ どうやって世界へ出た　アヤメの球根について侵出

マメコガネは、日本全国で見られる小型のコガネムシです。20世紀初めごろに日本から輸出されたアヤメの球根について幼虫がアメリカに入ったと考えられています。天敵の昆虫や鳥、細菌などがいないアメリカで爆発的にふえ、アメリカ合衆国全土に広がりました。

✴ なぜ害が出る　農作物を食いあらす

マメコガネは、日本でも成虫が豆類やブドウなどを食いあらし、幼虫はシバの根などを食いあらす害虫として有名です。アメリカでは天敵がいないため爆発的にふえて、トウモロコシやジャガイモをはじめ、いろいろな農作物の害虫となりました。被害が非常に大きかったため、アメリカ合衆国では「ジャパニーズビートル」とよばれて、おそれられました。

▲葉を食いあらすマメコガネの成虫。

血を吸って病気をうつす
ヒトスジシマカ

世界ワースト100

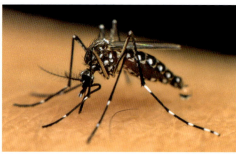

◀人にとまって吸血しているヒトスジシマカ。吸血するときに、伝染性疾患のウイルスなどがだ液とともに人体に入ります。

❓ どうやって世界へ出た　輸出された古タイヤにたまった水にいた

ヒトスジシマカは、日本をはじめ、東アジアから南アジアの温帯から熱帯に分布する吸血性のカです。1985年ごろから輸出されはじめた古タイヤとともに、アメリカ合衆国に入って定着しました。2010年代には約半数の州に広がり、アメリカからブラジルやヨーロッパ、西アフリカへも分布を広げています。

ヒトスジシマカ（ハエ目 カ科）*Aedes albopictus*
♠ 体長2.4〜3mm ♣ 日本（本州以南）、東アジア〜東南アジア ◆ なし；北アメリカ〜南アメリカ、ヨーロッパ、西アジア ★ 人の伝染病を運んで広める。イヌのフィラリアの中間宿主になる。

▲輸出用に山積みにされた古タイヤ。中にたまった水に卵や幼虫などがくらしていて、そのまま運ばれたと考えられています。

✴ なぜ害が出る　いろいろな伝染性感染症を運んで広める

日本ではデング熱やイヌのフィラリア症を広めるカとして知られていますが、海外ではこれらのほかに、西ナイル熱やジカ熱、黄熱病などの伝染性の感染症を広めるカとして、おそれられています。

マメコガネはふつうに見られるコガネムシで、よく木の芽を食べています。

♠大きさ ♣原産地 ◆移入地（日本；日本以外） 🟥日本での評価 🟩海外での評価 ★影響や害

幼虫は果樹園のミカン類の害虫
アゲハ

❓どうやって世界へ出た　人が意図的に持ちこんだ

アゲハ（ナミアゲハ）は、日本でもっともよく見られるチョウの1つです。日本全国のほか、東アジア各地に広く分布しています。ハワイ諸島には、1971年に日本からかグアム島経由で人が意図的に持ちこんだと考えられています。現在はそれが定着しています。

アゲハ
（チョウ目 アゲハチョウ科）
Papilio xuthus
♠開張65～90mm ♣日本、東アジア ◆小笠原諸島；ハワイ諸島、グアム島 🟥日本でもミカン類の葉を食いあらす ★幼虫がミカン類の葉を食いあらす。

なぜ害が出る　ミカン類の葉を食いあらす

幼虫はミカン類の葉を食べて育ちます。終齢幼虫になるとすごい食欲で葉を食べるため、果樹園などのミカン類に被害をおよぼします。ハワイ諸島には、アゲハに寄生するアオムシサムライコバチやアゲハヒメバチがいません。

▲アゲハの終齢幼虫。

▲ブーゲンビリアから吸蜜しているアゲハ（ハワイ諸島）。

約10年ごとに大量発生する
マイマイガ

世界ワースト100

❓どうやって世界へ出た　カイコの品種改良用に移入

マイマイガは、ユーラシア大陸とアフリカ北部に広く分布するガで、幼虫はさまざまな植物の葉を食べます。北アメリカには、19世紀半ばに養蚕業のカイコガの品種改良につかう目的でヨーロッパから持ちこまれ、それが1868～69年に野外に逃げ、定着しました。

マイマイガ
（チョウ目 ドクガ科）
Lymantria dispar
♠開張おす50mmほど、めす80mmほど ♣日本、ユーラシア大陸全域、アフリカ北部 ◆なし；北アメリカ ★1齢幼虫が毒針毛をもつ。大量発生したときは、幼虫がさまざまな樹木や農作物などを食いあらす。

なぜ害が出る　天敵がいないとおさまらない大発生

原産地では約10年ごとに大発生しますが、長くはつづかずに自然におさまるので、被害はあるていどの範囲にしか出ません。しかし、天敵がいない北アメリカでは、大発生が自然にはおさまらず、大規模な範囲に被害が広がっていきます。見渡すかぎりの野山の植物が丸裸にされてしまうようなことにもなります。

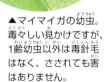
▲マイマイガの幼虫。毒々しい見かけですが、1齢幼虫以外は毒針毛はなく、さされても害はありません。

▶岐阜県で大発生したときの成虫。道路の橋の下やまち中の建物のかべなどをうめつくすようにとまっています。

メモ　毛虫が大発生して話題になるのは、ほとんどがマイマイガです。

111

日本では絶滅危惧種
ヌマコダキガイ

世界ワースト100

❓ どうやって世界へ出た　船のバラスト水にまぎれて

ヌマコダキガイは、日本では本州以北の汽水域に分布している二枚貝ですが、最近は非常に数が少なくなっていて、絶滅危惧Ⅰ類に指定されています。1986年ごろ、東アジアからの船のバラスト水にまぎれてアメリカのサンフランシスコ湾に運ばれ、そこで大発生して、問題になっています。

✴ なぜ害が出る　プランクトンを過度にこしとる

ヌマコダキガイはよごれた水に強く、そこから動物プランクトンをこしとって成長します。サンフランシスコ湾では、この貝が大発生してプランクトンを根こそぎこしとってしまったため、ほかの生物が激減し、ヌマコダキガイばかりが生息する環境になりました。水質がよくなるという利点もありますが、ほかの底生生物がへり、生態系が従来とはかわってしまいました。

▲ヌマコダキガイ。片方の殻が大きく、もう片方をつつむような形です。

ヌマコダキガイ（オオノガイ目 オオノガイ科）
Potamocorbula amurensis
🔺 殻長9〜13.5mm　♣ 日本（本州と北海道）、東アジアの汽水域
◆ なし；アメリカ合衆国（サンフランシスコ湾）　⊙ 日本では絶滅危惧Ⅰ類に指定されている　★ 大量発生して水中の有機物をこしとり、ほかの二枚貝などの食物をうばってしまう。

貝や底生動物を食べてしまう
キヒトデ

世界ワースト100

❓ どうやって世界へ出た　船のバラスト水にまぎれて

キヒトデは、日本沿岸でもっとも多く見かけるヒトデです。ヒトデまたはマヒトデともよばれます。貝を食べるため、アサリやホタテガイなどの漁業資源に大きな被害をおよぼします。船のバラスト水にまぎれて、1980年代にオーストラリアのタスマニア島に定着し、約10年ほどでオーストラリア東南部に定着し、シドニー沿岸まで分布を広げています。

✴ なぜ害が出る　手当たり次第に食べる

キヒトデは食欲がすごく、口より大きなものでも、胃を反転させて獲物を包み、消化液でとかして食べてしまいます。動きのはやい獲物はつかまえられませんが、二枚貝や弱った魚、脱皮後のカニ、ホヤやウニなどを食べてしまいます。天敵が少ないために大量発生し、オーストラリアの養殖カキやホタテ、ムラサキイガイに大きな被害をおよぼしています。

▲キヒトデ。黄色いものだけでなく、紫色っぽいものから白っぽいもので、体色はさまざまです。

キヒトデ（キヒトデ目 キヒトデ科）
Asterias amurensis
🔺 輻長12cm　♣ 日本沿岸、東アジア沿岸　◆ なし；オーストラリア東南部　★ カニやウニ、ホヤ、ヒトデなどの沿岸の生物を食いあらす。

 ヌマコダキガイのように、被害を出している外来生物でも、原産地では少ないことがあります。

🔷大きさ ♣原産地 ◆移入地（日本；日本以外） 🟩日本での評価 🟦海外での評価 ★影響や害

秋の七草の1つがアメリカで大あばれ
クズ

世界ワースト100

クズ（マメ目 マメ科）
Pueraria montana var. *lobata*

🔷つるの長さ10m以上 ♣日本、中国〜東南アジア、ニューギニア ◆なし；アメリカ合衆国、イタリア、スイス 🟩日本でも手入れがされていない山林などで茂って被害が出る。★地面や植物をおおって、下になった生物の成長をじゃまする。

庭をかざる植物として輸出された

クズは、秋の七草の1つになっている植物で、日本では北海道から九州までの各地で見られます。1876年のフィラデルフィア万博のときの展示物としてアメリカに渡り、庭をかざる植物として栽培されるようになりました。20世紀初めには緑化植物としてもさかんに利用され、これらが野生化して広がりました。

❇なぜ害が出る 地面をおおいつくす

クズは、つるでものにまきつきながら、地面をおおうように広がっていきます。空気中の窒素を利用して栄養をつくりだすことができるため、繁殖力が強く、10m以上の長さまでのびて葉を茂らせ、地面だけでなく、樹木や建物までおおいつくしていきます。まきつかれたり、おおわれた植物は、成長をじゃまされて枯れてしまいます。

▲おい茂ったクズの葉。

アメリカではセイタカアワダチソウを追いやる
ススキ

世界ワースト100

ススキ（イネ目 イネ科）
Miscanthus sinensis

🔷高さ1〜2m ♣日本、朝鮮半島、中国、台湾 ◆なし；北アメリカ、オーストラリア、ニュージーランド、チリ ★空き地などに広がって地面をおおい、ほかの植物が生えにくい環境をつくる。

装飾用に苗が輸出された

ススキは、装飾用の植物として苗がアメリカ合衆国に輸出され、それが野外に広がって定着したり、アメリカ軍の物資にくっついてアメリカ合衆国にわたったりして、ふえたようです。また、それらがオーストラリアやチリにも侵入して、分布を広げています。

❇なぜ害が出る あれた土地に広がっていく

ススキは、日本でセイタカアワダチソウがふえていったように、アメリカ合衆国で河川敷や空き地、造成地などに入りこんで、分布を広げています。丈が高く、葉が茂って地面をかくすので、地面近くの植物が育ちにくく、ススキだけが群生する場所をつくっていきます。

▶ニュージーランド南島のルアタニファ湖岸に生えているススキ。

 以前にセイタカアワダチソウが生えていたところで、今はススキが茂っているところがよくあります。

113

イギリスでのびのび育った
イタドリ

世界ワースト100

❓ どうやって世界へ出た　観賞用に輸出された

イタドリは、日本では河川敷やがけくずれのあとなどに生える一般的な植物です。若い葉や芽を山菜として食べたり、民間薬にもつかわれます。夏に小さな花がふさのようにかたまってさくため、19世紀に、観賞用の植物として日本からイギリスに輸出されました。これがイギリスで野生化して大繁殖し、ヨーロッパ各地から北アメリカ、オセアニアへと広がっていきました。

💥 なぜ害が出る　まち中に広がる

あれた土地や空き地などにも生えるため、庭からまち中や道路沿いの場所に広がっていきました。イギリスにはイタドリの生育をはばむ昆虫や細菌がいなかったため、より大きく育ち、地下茎をのばしてアスファルトを破って生えたり、建物をつき破ったりして被害が出ました。

イタドリ（ナデシコ目 タデ科）
Fallopia japonica

🌲高さ50〜200cm　♣北海道南西部以南、台湾、朝鮮半島、中国　◆なし；ヨーロッパ、北アメリカ、オーストラリア、ニュージーランド　🈲日本では河川敷や荒れ地に生える一般的な野草で、若い芽や葉は山菜として利用され「すかんぽ」とよばれる　★天敵がいない場所では、2m以上にもなり、道路や建物などをおおう。

▲世界各地で定着して広がっているイタドリ（イギリス）。

📝メモ　イギリスでは、イタドリが生えた土地は売れないそうです。

♠大きさ ♣原産地 ◆移入地（日本；日本以外） ■日本での評価 ■海外での評価 ★影響や害

世界ワースト100

日本と朝鮮半島では食用、海外ではじゃまな海藻
ワカメ

❓どうやって世界へ出た　船のバラスト水にまじって

ワカメは、日本と朝鮮半島では、おいしい海藻としていろいろな料理につかわれますが、そのほかの地域ではまったく食用にされていません。年代ははっきりしませんが、ワカメの遊走子がまじった船のバラスト水が海外の港に運ばれ、そこで放出されて世界各地に広がり、定着していきました。

❄なぜ害が出る　水産養殖業のじゃまになる

ワカメは、ほかの海藻などが生えていない場所に侵出して、問題を起こしています。とくに、カキやホタテ、イガイなどの養殖用のロープについて収穫や生育のじゃまになったり、サーモンの海面養殖の網を目づまりさせたりします。また、船の航行のじゃまになったり、養殖場で使用する機械にからまったり、目づまりさせたりします。

▲日本では食用にされますが、ワカメを食べない海外の国では、役に立たないじゃまな海藻となっています。

ワカメ（コンブ目 チガイソ科）
Undaria pinnatifida
♠長さ2mくらい ♣オホーツク海より南の日本沿岸、朝鮮半島南部沿岸、中国沿岸 ◆なし；オセアニア沿岸、ヨーロッパ沿岸、アメリカ合衆国 ★カキやホタテガイ、イガイの養殖場やサーモンの養殖場などで収穫のじゃまになったり、そこでつかわれる機械を目づまりさせたりする。

ジャパニーズ・シーウィードときらわれる
タマハハキモク

❓どうやって世界へ出た　カキの種苗に付着して輸出

タマハハキモクは、ホンダワラのなかまの海藻で、体にたくさんの浮きぶくろをつけています。潮間帯の下部などの浅い場所に生えています。日本から輸出されたカキの種苗にくっついて海外に運ばれたようです。1950年代にアメリカで、1970年代にはヨーロッパで定着が確認され、それ以降分布を広げつづけています。海外では「ジャパニーズ・シーウィード（日本の海藻）」とよばれています。

◀タマハハキモク。浮きぶくろの浮力で、海中に立ち上がっています。ちぎれたり枯れたりしたときは、海面に浮かび、大きなかたまりとなって流れ藻をつくります。

写真提供/千葉大学海洋バイオシステム研究センター銚子実験場

❄なぜ害が出る　海外では大型に

日本では大きくても1mほどですが、海外では非常に大きくなり、4mをこえることもあります。船の航行や漁業のじゃまになったり、小型のボートや産業施設の取水口につまったりして問題になっています。また、カキ養殖施設にからみついたり、カキの成長をさまたげたりもしています。

タマハハキモク（ヒバマタ目 ホンダワラ科）
Sargassum muticum
♠高さ50〜100cm、海外では4m近くまで ♣北海道南部、本州中部地方〜九州沿岸、ロシア沿海州、朝鮮半島、中国沿岸 ◆なし；ヨーロッパ沿岸、アメリカ合衆国・メキシコ沿岸 ★船の航行や漁業のじゃまや、カキ養殖のじゃまをしたりする。

写真提供/千葉大学海洋バイオシステム研究センター銚子実験場

📝メモ　ワカメは、遊走子から出た配偶体がくっついたものから、芽が出ます。

世界的な外来種

日本ではまだ被害がなかったり、入りこんでいなかったりする外来種で、世界各地に侵入して大きな問題を起こしている外来種もあります。

今日はだいじょうぶだが、明日はどうなるかわからない

日本では今日はまだ大きな問題を起こしていないものも、心配ないとはかぎりません。気候がかわったり、管理の目をくぐって野生化したり、あらたに日本に入りこんできて問題を起こすかもしれません。問題を起こさないように、あらたに外来種が入りこんだり、野外に逃げださないように、十分な注意が必要です。

▼海岸の草地に広がるチガヤ。東アジア一帯が原産で日本の在来種ですが、日本以外の原産地から世界に広がっています。

▲大きさ ♣原産地 ◆移入地（日本；日本以外） ◘日本での評価 ◓海外での評価 ★影響や害

キタキツネやホンドギツネは亜種
アカギツネ

世界ワースト100

アカギツネ
（ネコ目 イヌ科）
Vulpes vulpes

▲体長45～85cm ♣日本、ユーラシア大陸中・北部、アフリカ北西部沿岸部、北アメリカ極北部 ◆千葉県、埼玉県；オーストラリア、北アメリカ北部～メキシコ ◘キタキツネおよびホンドギツネはアカギツネの亜種 ★中・小動物を食べる。エキノコックス症や狂犬病を運んで広げる。

キツネ狩り用に導入

　イギリスなどから、キツネ狩り用に導入されました。北アメリカ東部には18世紀に導入され、それがカナダやアメリカ合衆国西部、メキシコへと広がりました。オーストラリアには、19世紀なかばから導入されて全土に広がり、最近はタスマニアにも入りこんでいます。

なぜ害が出る　中・小動物を食べ、感染症を運ぶ

　オーストラリアには、アカギツネより大型の肉食動物がいなかったため、多くの中・小の動物が捕食され、絶滅したものが10種ほどにもなりました。現在は駆除によって数をへらし、被害は少なくなっています。原産地もふくめ、エキノコックスや狂犬病などの感染症をもつものがイヌと接触することで、感染症が拡大していくことも問題になっています。

▲感染症をもったアカギツネがイヌと接触したときに、感染症がうつります。

見かけはかわいいが、気があらい
オコジョ

世界ワースト100

オコジョ
（ネコ目 イタチ科）
Mustela erminea

▲体長16～33cm ♣本州中部地方～北海道、ユーラシア大陸中・北部、北アメリカ ◆なし；ニュージーランド ◘エゾオコジョおよびホンドオコジョはオコジョの亜種 ★さまざまな小動物や地上性の鳥類、卵などを食いあらす。

ネズミやアナウサギをへらすために導入

　オコジョは小型のイタチのなかまで、見かけとはちがって気があらい肉食獣です。ニュージーランドには外来種のアナウサギやドブネズミなどの駆除を目的に導入されました。

なぜ害が出る　固有種の鳥が激減

　ニュージーランドではオコジョを導入したことで、アナウサギの数をあるていどへらすことができました。しかし、天敵がいないため、ニュージーランドの固有種であるキーウィやカカポなどの鳥もおそって、大きな被害をおよぼしました。これらの鳥を守るため、ニュージーランドではオコジョなどの有害な外来種を2050年まで完全に駆除する計画を進めています。

▲冬毛のオコジョ。体の毛は、尾の先以外は真っ白になります。

 日本では、本土のイタチを離島に移入して、それが鳥などを食いあらす被害が出ています。

オーストラリアでは保護動物だが
フクロギツネ

特定外来生物 / 生態系被害防止外来種 / 世界ワースト100

❓どうやって世界へ出た　毛皮をとる目的で放った

フクロギツネは小型の有袋類で、果物や木の葉、昆虫、鳥や卵を食べます。毛皮を利用するため、古くからヨーロッパの人々によってニュージーランドに放たれ、ほぼ全土に定着しています。

フクロギツネ（カンガルー目 クスクス科）
Trichosurus vulpecula

🔺体長35〜55cm　♣オーストラリア　◆なし；ニュージーランド　🌶その他の定着予防外来種　◇オーストラリアでは保護動物　★在来の植物や昆虫、鳥や卵などを食べる。ウシやシカの結核を広める。

💥なぜ害が出る　在来の生物を食いあらす

ニュージーランドには、フクロギツネの天敵となるディンゴやオオトカゲなどの動物がいないため、とてもふえています。在来の昆虫や鳥、その卵、特定の植物の葉を食いあらし、大きな被害が出ています。また、屋根裏などに入りこんでふんなどをして迷惑をかけたりもします。さらに、ウシ類の結核を運ぶため、ウシやシカなどが死ぬ被害も少なくありません。

▲おもに樹上性で、昼間は枝の上で休み、夜に活動します。

放鳥した100羽が2億羽になった
ホシムクドリ

世界ワースト100

❓どうやって世界へ出た　放鳥した

ホシムクドリは、ヨーロッパからアジアまで広い範囲にすむ渡り鳥で、日本にも数は少ないですが渡ってきます。北アメリカでは、19世紀末にヨーロッパから輸入した100羽をニューヨークで放鳥し、これが定着してふえ、現在では2億羽になっているといわれています。

ホシムクドリ（スズメ目 ムクドリ科）
Sturnus vulgaris

🔺全長21cm　♣南西諸島など、ヨーロッパから中央アジア、中近東、北アフリカ　◆なし；北アメリカ、ハワイ諸島、バミューダ諸島、オーストラリア、ニュージーランド、ボツワナ　★都市部で集団でねぐらをつくり、騒音やふん害を起こす。農作物を食いあらす。

💥なぜ害が出る　集団でねぐらをつくる

日本にいるムクドリと同じように、ホシムクドリも、都市部などの街路樹などに集団でねぐらをつくります。ねぐらでは深夜まで集団で鳴き声をあげたり、ふんをしたりするため、騒音やふんによる害が出ます。また、数万羽もの群れをつくり、農作物に大きな被害が出ることもあります。また、集団でほかの鳥を追いはらうため、同じような場所にすむほかの鳥が巣をつくれず、数がへってしまう害も出ています。

▲集団で木の枝にとまっているホシムクドリ。

📝メモ　オーストラリアのディンゴは、人間が連れてきたものといわれています。

♠大きさ ♣原産地 ◆移入地（日本；日本以外） ⊕日本での評価 ⊕海外での評価 ★影響や害

グアム島で大あばれ
ミナミオオガシラ

特定外来生物　世界ワースト100　生態系被害防止外来種

アメリカ軍の物資にまぎれて

　ミナミオオガシラはオセアニアなどの森林にすむ大型のヘビです。樹上性ですが、地面で活動することもあります。アメリカ軍の物資にまぎれて運ばれたようで、各地で目撃されています。深刻な被害が出ているグアム島には、1940〜1950年代に侵入し、定着しました。また、グアム島から船や航空機の便がある地域にも侵入しています。

固有種を食べ、絶滅させた

　グアム島では、天敵がおらず食物が豊富なことで大型化し、全長3m以上になっています。グアム島固有のは虫類や鳥類、コウモリを食べ、それらの半分以上の種を絶滅に追いこんでいます。また、植物の受粉を助けているコウモリや鳥がへることで、それらの植物にも深刻な被害が出ています。

▲ミナミオオガシラ。侵入した地域の条件がよいと、3m以上にもなります。

ミナミオオガシラ（有鱗目 ナミヘビ科）
Boiga irregularis
♠全長1〜2m（グアム島では3m以上）♣オーストラリア東・北部沿岸、インドネシア、パプア・ニューギニア、メラネシア北西部 ◆沖縄島；グアム島、サイパン島など ⊕その他の定着予防外来種 ★在来の鳥類や小動物を食いあらす。植物の受粉のじゃまをする。

地元では人気者、侵略地ではきらわれもの
コキーコヤスガエル

特定外来生物　世界ワースト100　生態系被害防止外来種

観葉植物について侵入

　コキーコヤスガエルは、プエルトリコ特産のカエルで、水がたまったアナナスの葉のつけ根や樹洞や、岩や倒れた木の下の湿った場所などにすんでいます。アナナスなどが観葉植物として輸出されるときに、かくれていたものがいっしょに輸出され、太平洋やカリブ海の島々やアメリカ合衆国のフロリダ州、ガラパゴス諸島、ハワイ諸島などに定着しています。

カエルのいない島で爆発的にふえる

　コヤスガエルのなかまは、卵の中でおたまじゃくしが成長し、小さなカエルになってふ化します。植物などに産みつけた卵をおすが守るので、水場がない場所でもふえることができます。定着した場所のうち、とくにハワイ諸島で爆発的にふえていて、原産地の4倍以上の密度になるほど数がふえています。
　ハワイ諸島にはもともとカエルがおらず、在来の昆虫やクモなどを大量に食べてふえて、在来の鳥などの食料をうばったり、ほかの外来生物の食物となったりしています。

▲観葉植物の葉の上にいるコキーコヤスガエル。

コキーコヤスガエル（カエル目 コヤスガエル科）
Eleutherodactylus coqui
♠全長30〜52㎝ ♣プエルトリコ ◆なし；バージン諸島、イスパニョーラ島、アメリカ合衆国フロリダ州、ハワイ諸島、小アンティル諸島、ガラパゴス諸島 ⊕侵入予防外来種 ★カエルのいない島で昆虫類を食いあらす。

 ミナミオオガシラにかまれても、毒が弱いので、人が死ぬことはありません。

人間より巨大な肉食魚
ナイルパーチ

特定外来生物　生態系被害防止外来種　世界ワースト100

❓どうやって世界へ出た　食用魚として放流

ナイルパーチは、アフリカ熱帯域原産の巨大な淡水魚です。白身でくせがなく、おいしい魚なので、食用魚として人気があり、日本でも利用されています。水産資源として活用するために、1950年代くらいからヴィクトリア湖をはじめ、アフリカ各地のもともといなかった水域に放流され、定着しています。

☀なぜ害が出る　在来の魚や甲殻類を食べる

ナイルパーチは、成長がはやく大型になる魚で、魚や甲殻類を大量に食べるので、オオクチバスと同じように在来種をへらしてしまいます。ヴィクトリア湖には1954年にナイルパーチが放流されましたが、この魚に食べられて、十数年のうちに湖の固有種の魚が200種類以上も絶滅してしまいました。

ナイルパーチ
（スズキ目 アカメ科）
Lates niloticus

🔵全長2m　🍀アフリカ熱帯域　🔶なし；アフリカ各地　🟥その他の定着予防外来種　🟦現地では食用魚として盛んに利用されている　★在来の魚や甲殻類を食べたり、食物をうばったりして、多くの種を絶滅させている。

◀2m以上にもなる巨大魚で、重要な食用魚として利用されています。

◀ナイルパーチの若魚。成長がはやく、ふ化してから1年で50cmほどの大きさにまでなります。日本では、観賞魚として流通しています。

中華料理の上海ガニが世界各地に
チュウゴクモクズガニ

特定外来生物　生態系被害防止外来種　世界ワースト100

❓どうやって世界へ出た　船のバラスト水にまじって

チュウゴクモクズガニは、大きな川の河口近くにすむカニで、中華料理につかう「上海ガニ」という名前で有名です。船のバラスト水にまじって運ばれたものが定着しているのが、1912年にドイツで見つかりました。そこからヨーロッパ各地に分布を広げました。1990年代には北アメリカへ、2000年代になると、西アジアへと侵入しています。

チュウゴクモクズガニ
（十脚目 イワガニ科）*Eriocheir sinensis*

🔵甲幅8cmほど　🍀中国、朝鮮半島　🔶なし；ヨーロッパ、北アメリカ、西アジア　🟥その他の定着予防外来種　★川底や堤防に大きな穴をあける。在来の生物と競い合う。

☀なぜ害が出る　川底や堤防を掘る

川底や堤防などを掘ってすみかをつくるため、川底の環境がかわってすむ生物に影響が出たり、堤防がこわれやすくなったりします。また、在来種のカニの食物やすみかをうばって、数をへらしてしまう危険もあります。

水の中だけでなく、陸に上がって移動することもできるので、定着した場所とつながっていない川へも、わりあい簡単に分布を広げることができます。

▲岩にのぼっているチュウゴクモクズガニ。水から上がって長時間活動できます。

 ナイルパーチが固有種を大量に絶滅させたことは、「ヴィクトリア湖の悲劇」とよばれます。

🔺大きさ　🍀原産地　◆移入地（日本；日本以外）　♦日本での評価　♣海外での評価　★影響や害

カメも食べてしまうコカミアリ
コカミアリ

生態系被害防止外来種　世界ワースト100

❓どうやって世界へ出た　アメリカ軍の物資にまぎれて

コカミアリは、中央・南アメリカに広く分布する小型のアリです。カカオやサトウキビの害虫から甘い分泌液をもらって保護するため、原産地ではきらわれています。アメリカ本土、カリブ海や太平洋の島々、オーストラリアやニュージーランドなど、さまざまな地域に定着しています。1集団に女王が何びきもいるため、物資に女王がまぎれる確率が高く、侵入した先で定着しやすいです。

✴なぜ害が出る　かんだり毒針でさしたりする

ヒアリと同じように強い毒をもち、攻撃的なため、在来種のアリの食物やすみ場所をうばったりします。また、近づく動物や人を毒針でさしたり、かんだりして、被害をおよぼしたりもします。ガラパゴス諸島では、ガラパゴスゾウガメをおそい、ゾウガメの子を殺すこともあります。

▲コカミアリの働きアリ。写真提供：沖縄科学技術大学院大学

コカミアリ（ハチ目 アリ科）
Wasmannia auropunctata
🔺体長 働きアリ1.5mmほど　🍀中央・南アメリカ　◆なし；アメリカ合衆国（フロリダ州、カリフォルニア州）、カナダ、ハワイ諸島やグアム島など、太平洋のアメリカ軍基地のある島々、ガラパゴス諸島、ソロモン諸島、イスラエル、オーストラリア、ニュージーランドなど　♦侵入予防外来種　★在来種のアリの食物やすみ場所をうばう。人をふくめて、近づくものをさしたりかんだりして、攻撃する。

侵入した地域で巨大な巣をつくるように変化
キオビクロスズメバチ

世界ワースト100

❓どうやって世界へ出た　森林の害虫駆除に導入

キオビクロスズメバチは、ユーラシア大陸の寒冷地域などに広く分布している小型のスズメバチで、日本でも数は少ないですが本州中部地方以北の森林で見られます。オーストラリアには1961年、ニュージーランドには1978年に、森林の害虫駆除のために導入されました。

✴なぜ害が出る　巨大な巣をつくるようになった

キオビクロスズメバチは、原産地では1つの巣に女王が1ぴきと働きバチが1000びきくらいいる集団をつくります。ところが、オーストラリアやニュージーランドでは、性質が変化して、1つの巣が何年もつづけてつかわれ、1000～2000びきもの女王がいる巣をつくるようになってしまいました。このような巣には、数百万びきの働きバチがいるので、周囲の昆虫を大量に捕食してへらしてしまったり、集団で動物や人を攻撃し、深刻な被害が出ています。

▲巣にとまっているキオビクロスズメバチ。クロスズメバチと同じように、地中や樹洞などに巣をつくります。

キオビクロスズメバチ（ハチ目 スズメバチ科）
Vespula vulgaris
🔺体長 働きバチ10～14mm　🍀日本、ユーラシア大陸の寒冷地域　◆なし；オーストラリア、ニュージーランド、アイスランド、セントヘレナ島。北アメリカに侵入したものはヨーロッパクロスズメバチ　♣侵入地域では多数の女王がいる巨大な巣をつくり、在来の昆虫などを食べたり、人や動物をさしたりする。

メモ　ふつうキオビクロスズメバチは、1年でほとんどの働きバチと女王バチは死にます。

世界的な外来種

水族館育ちのキラー海藻
イチイヅタ

生態系被害防止外来種　世界ワースト100

❓どうやって世界へ出た　水族館から流れだした

イチイヅタは、世界中のあたたかい海に生える小型の緑藻です。もとは寒さに弱い性質でしたが、モナコの水族館で栽培されていたものが、紫外線によって性質が変化して寒さや乾燥に強くなりました。これが排水から海に流れ出して1984年に定着し、地中海周辺に分布を広げ、20世紀末にはオーストラリアやアメリカにも定着しました。

◀イチイヅタは、鳥の羽根のような葉状部分と、海底をはってのびる地下茎やほふく茎のような部分からなっています。

✻なぜ害が出る　毒をもち大型化した

水族館で性質が変化したイチイヅタは大型化し、しかも強い毒をもつようになって、食べる生物がいなくなり、大繁殖しました。ほかの海藻をおしのけて群生し、毒のために魚やいろいろな生物が寄りつかなくなり、イチイヅタばかりが広がる海底をつくるため、「キラー海藻」とよばれています。最近は、地中海では以前ほどいきおいがなくなっています。

イチイヅタ（ハネモ目 イワヅタ科）
Caulerpa taxifolia
♠長さ2〜25cm（外来種となったものは巨大化し2.8mほどにまでなる）♣アフリカからインド洋、南シナ海から日本　◆なし；地中海、オーストラリア、北アメリカ（カリフォルニア州）、ニュージーランド　🈂侵入予防外来種　★ほかの海藻を追いやり、海藻群落を破壊する。

3日で2倍、1か月で1000倍
オオサンショウモ

生態系被害防止外来種　世界ワースト100

❓どうやって世界へ出た　栽培していたものが野生化

オオサンショウモは、淡水に生える水生シダ植物です。水上に出る葉には細かい毛がびっしり生え、水をはじくため、水面に浮くように広がります。水そうで栽培されたり、水質浄化の実験用のものが野生化して、世界各地に分布を広げていて、オーストラリアやアフリカで害をおよぼしています。日本でも沖縄県や兵庫県などで野生化したことがあります。

▲オオサンショウモの水上葉。表面にびっしり毛が生えています。

✻なぜ害が出る　水面をおおう

サンショウモは育つ速度がはやく、3日で倍にふえるため、侵入すると水面をおおいつくすように茂ります。水中を暗くして水温を下げ、そこにくらす生物に影響をおよぼします。1年生の植物なので、大量に茂ったものが枯れると、水質を悪化させたりします。また、船の航行や漁のじゃまになったり、産業用水の取水口につまったりします。

オオサンショウモ（デンジソウ目 サンショウモ科）
Salvinia molesta
♠長さ5〜10cm　♣南アメリカなど　◆沖縄島と兵庫県などで野生化したことがある；オーストラリア、ニュージーランド、東南アジア、アフリカなど　🈂重点対策外来種　★枯れて水質を悪化させ、水中の生物をへらす。船の航行や、産業用の取水をじゃまする。

イチイヅタは寒さに弱いため、地中海に流れ出ても、すぐに死に絶えると思われていたそうです。

紫外線で性質が変化する!?

イチイヅタは、日本にも生えている海藻です。魚などの食べ物となり、また寒いのが苦手なので、亜熱帯海域までしか生えていません。ところがモナコから流れだしたイチイヅタはちがいます。

細胞の情報はDNA

わたしたちの体は、無数の細胞でできています。細胞には核があり、その中にはDNAという、タンパク質をつくったり、子孫にその情報を伝えたりする物質があります。DNAがつくったタンパク質のおかげで、食べ物をエネルギーにしたり、病気のもとになるものを攻撃したりと、わたしたちは生きていけるのです。

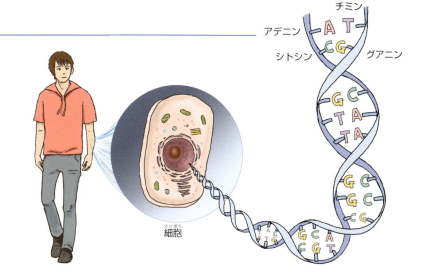

DNAはいつも傷ついている

そのDNAの情報は、基本的に4つの物質でつくられています。DNAは、紫外線などによって傷つきます。となりの物質とくっついたり、よけいなものがくっついたり、さらには切れてしまいます。

DNAが傷ついたときには、DNAを修理するタンパク質がほぼもと通りに修理していきます。

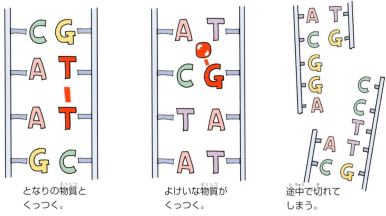

となりの物質とくっつく。　　よけいな物質がくっつく。　　途中で切れてしまう。

紫外線に当たりつづけて、性質がかわった

ところが、モナコ（地中海北岸）の水族館では、水をかえなくてすむように、水そうに強い紫外線を当てて、水を殺菌していました。強い紫外線が当たるとDNAの傷はかなりふえ、場合によっては正しくない修理によって、新しい情報をもったDNAができる場合があります（突然変異）。

このイチイヅタもそうでした。もともとは寒さに弱く、魚の食べ物になっていましたが、新しいイチイヅタは寒さに強く、そして魚に毒があるようになり、広がるのをさまたげるものがなくなって、一気に広がっていったのです。

▲イチイヅタは、海洋生物の飼育水そうなどの中にもよくつかわれ、市販もされています。

DNAの変化は、放射線でも起こります。

マラリアの特効薬として栽培される
アカキナノキ

特定外来生物 **世界ワースト100**

アカキナノキ（アカネ目 アカネ科）
Cinchona pubescens
🔺高さ4～10m ♣コスタリカ～ベネズエラ・ボリビア ◆なし；ガラパゴス諸島、フィジー、ハワイ諸島など ★屋根のように地上をおおい、ほかの植物が生えないようにする。

栽培されたものが野生化

アカキナノキは、南アメリカ原産の木で、樹皮からマラリアの特効薬をつくることで有名です。世界各地で栽培されていて、栽培されていたもののたねや根などが野外に出て、野生化しています。ガラパゴス諸島やハワイ諸島、フィジーなどに定着しています。

なぜ害が出る 枝と葉を茂らせて地面をおおう

アカキナノキは繁殖力がとても強い木で、切れた根からも芽を出して成長し、たねを風で飛ばして、周囲に子孫をふやします。枝を上へ上へとのばして大きくて厚い葉を広げるため、群生すると地上部は暗くなり、ほかの植物が生えにくくなります。在来種の植物が枯れてしまい、アカキナノキだけが生えるようになり、在来種の動物もへってしまいます。

◀アカキナノキはマラリアの薬になることで、とても役に立つ木です。一方、写真のように茂り、木の下は暗くなり、ほかの植物が生えにくくなります。

あれた土地でいちはやく成長する
アメリカクサノボタン

生態系被害防止外来種 **世界ワースト100**

園芸植物の苗にまじって

アメリカクサノボタンは、カリブ海沿岸が原産の常緑性の多年草です。山火事やがけくずれのあと、樹木が伐採された場所、造成地など、日当たりのよいあれた土地にいちはやく侵入します。原産地から輸出される園芸植物の苗などにまじって熱帯域の各地に定着しています。

なぜ害が出る おい茂り、やぶをつくる

日当たりのよい開けた土地を好む植物で、ほかの植物よりも先に成長し、やぶをつくりながら周囲へ広がっていきます。ほかの植物が生えないだけでなく、やぶにおおわれた在来種は枯れて、へってしまいます。また、林や草原などでは、道をおおいつくして通行ができなくなってしまうこともあります。花が終わると中に300個ほどのたねが入っている実ができ、これを鳥が食べて、周囲に広げます。

▲アメリカクサノボタンの花。白い花が下向きにさき、むらさき色の実ができます。

アメリカクサノボタン（フトモモ目 ノボタン科）
Clidemia hirta
🔺高さ2m ♣カリブ海沿岸地域 ◆なし；マレーシア、インドネシア、スリランカ、フィジー、ハワイ諸島、モーリシャス、マダガスカル島など その他の定着予防外来種 ★開けた場所に茂って周囲に広がり、やぶをつくって下に生える在来種の植物を枯らす。

 ハワイ諸島、ガラパゴス諸島、ニュージーランドの自然は、外来種の影響を強くうけています。

🔶 大きさ 🍀 原産地 🔷 移入地（日本；日本以外） ▶日本での評価 ▶海外での評価 ★影響や害

オーストラリアでは雑草化
センニンサボテン

生態系被害防止外来種 ／ 世界ワースト100

❓ どうやって世界へ出た 栽培されていたものが野生化

センニンサボテンは、代表的なウチワサボテンの1つで、園芸植物として世界中で栽培されています。強い日射しや乾燥に強く、栽培されていたもののたねが鳥に運ばれたりして広がり、あれた土地をはじめ、農地や牧草地、海岸の砂地、都市部などにも広がって定着しています。オーストラリアでは各地で雑草化しています。

▲センニンサボテン。たくさんの花のつぼみがついています。

✴ なぜ害が出る 在来種をへらす

たねだけでなく、茎や根のかけらなどからも芽を出すことができ、きびしい環境に強い植物です。入りこんだ場所で在来種の植物に勝って茂り、在来種をへらしてしまう危険があります。また、茎の表面にはするどいとげ（葉が変化したもの）が生えているので、人や家畜などがさわって傷つく事故も起こります。

センニンサボテン（ナデシコ目 サボテン科）
Opuntia stricta
🔶高さ2mほど 🍀アメリカ大陸熱帯域、キューバ、バミューダ諸島 🔷なし；エリトリア、イエメン、スペイン、エチオピア、ソマリア、南アフリカ、オーストラリアなど ▶ウチワサボテン属として重点対策外来種 ★あれた土地に侵入して、在来種をへらす。

日本にも定着している
ランタナ

生態系被害防止外来種 ／ 世界ワースト100

❓ どうやって世界へ出た 園芸植物や緑化植物として導入

ランタナは中央・南アメリカ原産の常緑の小低木です。小さな花がかたまってさき、花の色が変化していくので、日本では「七変化」という名でもよばれます。世界各地で園芸植物として栽培され、また、伐採された森林の緑化のために植えられたりしています。熱帯や亜熱帯地域では、これらが野生化、定着しています。日本でも、小笠原諸島と沖縄諸島に定着していて、重点対策外来種に指定されています。

▲ランタナの花。チョウやハチなどの昆虫が集まる花として知られています。

✴ なぜ害が出る あれた土地に広がっていく

ランタナは、日当たりのよい開けた土地を好む植物です。茎をつるのようにのばしながら周囲に広がり、ほかの植物を生えにくくする物質を根から出して、あれた土地などをうめていきます。このため、在来種の植物を追いやったり、へらしたりします。また、農地や果樹園などに入りこむと、農作物の成長をじゃまするなどの害が出ます。

ランタナ（シソ目 クマツヅラ科）
Lantana camara
🔶高さ2〜5m 🍀中央・南アメリカ 🔷小笠原諸島、南西諸島；世界の熱帯・亜熱帯地域 ▶重点対策外来種 ★空き地や樹木が伐採されたに広がってやぶをつくり、在来の植物を追いやったり、へらす。農地や果樹園などに侵入し、農作物の成長をじゃまする。

📝メモ　ランタナの花には、いろいろな昆虫がきます。

125

湿地にはびこる
サンショウモドキ

特定外来生物 **世界ワースト100**

❓ どうやって世界へ出た　栽培されたものが野生化

　サンショウモドキは常緑の小高木で、山火事のあとや、樹木の伐採地、湿地などに生えます。果実は古くから薬用や食用としてつかわれていて、栽培されてきたものが野生化し、亜熱帯地域の各地で定着しています。日本では、アメリカ軍の物資にまぎれてハワイ諸島から侵入したものが、小笠原諸島に定着しています。

✴ なぜ害が出る　マングローブ林を破壊する

　山火事や伐採、開発などであらされた土地でほかの植物より先に成長するため、在来種が再生するのをじゃまします。塩分をふくむ水や洪水にも強く、湿地にも入りこみます。オーストラリアやアメリカ合衆国では、マングローブ林や湿地に生えるマツの林におきかわって、湿地の生態系を破壊し、大きな害をおよぼしています。

▲サンショウモドキの果実と葉。果実はピンクペッパーとよばれています。

サンショウモドキ（ムクロジ目 ウルシ科）
Schinus terebinthifolius

🌱高さ2～3m（ときに15m以上になる）　♣南アメリカ　◆小笠原諸島；アメリカ合衆国南部、オーストラリア、ニュージーランド、ハワイ諸島、グアム島など　★あれた土地や湿地などで群生し、在来種の植物をへらし、それを食物にしたりすみかにしたりしている在来種の動物もへらす。

野生化するとこわい!?
セイロンマンリョウ

生態系被害防止外来種 **世界ワースト100**

❓ どうやって世界へ出た　園芸植物として導入

　セイロンマンリョウは常緑の小高木で、原産地では果実や葉を薬用につかったりしています。庭木や緑化植物として、亜熱帯地域に導入されたものが野生化し、オーストラリアやアメリカ合衆国の一部、ハワイ諸島など太平洋の島々に定着しています。日本でも庭木として利用されていますが、野生化はしていません。

✴ なぜ害が出る　日当たりがいいと急成長

　日向にも日かげにも生えることができる植物で、日向ではすばやく成長して上部に葉を茂らせて地面を暗くします。在来種の植物は日が当たらないで成長できず、日かげにも強いセイロンマンリョウの苗ばかりが育つようになり、在来種とおきかわってしまいます。また、日向の株にはたくさんの果実ができ、これが鳥や動物に運ばれて、どんどん広がっていきます。

▲セイロンマンリョウの果実。

セイロンマンリョウ（コウトウタチバナ）
（サクラソウ目 ヤブコウジ科）*Ardisia elliptica*

🌱高さ5mほど　♣南アジア～東南アジア　◆なし；オーストラリア南部、ハワイ諸島、アメリカ合衆国（フロリダ州南部）　🚫その他の定着予防外来種　★茂って地面近くを暗くし、在来種の植物の成長をじゃまし、へらしてしまう。

📝メモ　鳥が食べる果実やたねをつける外来植物は、広がりやすくなります。

♠ 大きさ ♣ 原産地 ◆ 移入地（日本；日本以外） ◘ 日本での評価 ◉ 海外での評価 ★ 影響や害

在来種なのに大繁殖して問題を起こす
チガヤ

世界ワースト100

❓ どうやって世界へ出た　物資にまぎれて？

チガヤはイネ科の多年性の雑草で、アジアからオセアニア、アフリカの熱帯～温帯に広く分布しています。北アメリカにはどのようにして侵入したのか不明です。在来種として分布している地域でも、東南アジアなどでは森林を伐採して焼き畑にした土地に入りこんでチガヤだけの草原をつくってしまい、多くの地域で問題になっています。

▲チガヤ。毛のついたたねがかたまって穂になっています。

☀ なぜ害が出る　地下茎をのばし、熱に強い

あれた土地に入りこんで、地下茎を長くのばして芽を出し、あたり一面をうめるように茂ります。雨季と乾季がある地域では大繁殖して、チガヤだけの草原が長期間できるようになります。本来はススキやササなどにおきかわり、だんだん森林になっていきますが、その流れが切られてしまい、森林の再生がおくれてしまいます。

チガヤ（イネ目 イネ科）
Imperata cylindrica
♠ 高さ30～50cm ♣ 日本、アジア、西アジア、アフリカ、オーストラリア ◆ なし；北アメリカ、ハワイ諸島、グアム島、ニュージーランドなど ◘ 河川敷や海岸の湿地、伐採地、空き地などに群生するが長期間はつづかない ★ あれた土地や湿地などで大繁殖してほかの植物が入りこめないようにしたり、草原から森林への変化をおくらせる。農耕地に侵入すると、作物の成長をじゃまする。

沖縄諸島にも定着
アメリカハマグルマ

生態系被害防止外来種　世界ワースト100

❓ どうやって世界へ出た　園芸植物・緑化植物として導入

アメリカハマグルマは、黄色い花をさかせる多年草で、「ミツバハマグルマ」、園芸種の「ウェデリア」という名前でもよばれます。日当たりのよい場所が好きで、林や農耕地、海岸、川原などさまざまな場所に生えます。園芸植物や緑化植物として導入されたものが野生化し、太平洋の熱帯・亜熱帯地域に定着しています。日本では、1970年代に緑化植物として導入されたものが沖縄諸島で野生化して定着しています。

▲アメリカハマグルマの花。

☀ なぜ害が出る　海岸の湿地に侵入する

成長がはやく、丈の低い植物におおいかぶさるように茂ります。農地などでは作物の成長をじゃまする雑草としてきらわれています。それ以上に問題なのは、海岸や汽水域の水辺に侵入すると、マングローブや海岸植物などの在来種とおきかわって、へらしてしまいます。マングローブなどの海岸や汽水域の環境がくずれると、そこにくらすさまざまな在来種の生物に影響が出ます。

アメリカハマグルマ（キク目 キク科）
Sphagneticola trilobata
♠ 高さ40～50cm ♣ 中央アメリカ南部～南アメリカ北部 ◆ 沖縄諸島；インドネシア、オーストラリア、パプア・ニューギニア、太平洋の熱帯・亜熱帯地域の島々、ハワイ諸島など ◘ 緊急対策外来種 ★ 日本在来種のハマグルマと雑種をつくる可能性がある。マングローブや浜辺の植物と競い合う。汽水域の生態系をこわす。

📝 メモ　「マングローブ」とは、熱帯や亜熱帯の河口の浅いところに生える林です。

127

きれいな花にはとげがある
ハリエニシダ

世界ワースト100

❓ どうやって世界へ出た　園芸植物として導入

ハリエニシダは、日当たりのよい場所に生える常緑低木です。春の初めと秋に、エニシダのような黄色い花がたくさんさきます。各地で牧草地の垣根となり、観賞用の園芸植物として庭木に利用され、それが野生化しています。日本でも明治時代の初めから導入され、1950年に横浜に定着しています。

▲ハリエニシダ。葉がとげのように細く、先がとがっています。

✹ なぜ害が出る　するどいとげがじゃまになる

繁殖力が強く、日当たりのよい場所なら土に栄養が少なくてもどんどんふえていくため、在来種に勝ってふえ、在来種をへらします。とげのような葉が全体に生えているので、牧草地や農地では人や家畜が傷つく事故が起こります。さらに、油分を体に多くふくんでいるため、燃えやすく、火事が起きる心配もあります。

ハリエニシダ（マメ目 マメ科）
Ulex europaeus
🌱 高さ1〜2.5m　♣ 西ヨーロッパ、イタリア　◆ 神奈川県、和歌山県、島根県、四国、中国、インドネシア、スリランカ、北アメリカ、コスタリカ、ペルー、ウルグアイなど　★在来の植物を追いやる。牧草や作物の生育の妨害。土壌を酸性化させる。油を多くふくんでいて、火事が起きやすい。

あたり一面ギンネムだらけ
ギンネム

生態系被害防止外来種　**世界ワースト100**

❓ どうやって世界へ出た　いろいろな用途での導入

ギンネムはネムノキににた常緑高木で、土や砂の流出を防いだり、荒れ地を緑化する植物としてや、肥料や飼料用植物、まきやバイオエタノールの原料など、いろいろな用途につかわれます。世界中の熱帯・亜熱帯地域に導入され、それが野生化して雑草のようになっている国も少なくありません。日本では1862年から小笠原諸島に、1910年くらいから先島諸島に定着しています。

▲ギンネムの花。ネムノキの花ににた白い花がさきます。

✹ なぜ害が出る　ギンネムだけの茂みをつくる

あれた土地でも日をあびてすばやく成長し、ほかの植物を枯らす物質を根から出します。そのため、ギンネムだけの茂みをつくって、在来種をへらしたり、林の樹木の構成をかえてしまったりします。
　密生して茂るので、人や動物の出入りをじゃましたりもします。

ギンネム（マメ目 マメ科）
Leucaena leucocephala
🌱 高さ1〜10m　♣ メキシコ、ベリーズ　◆ 先島諸島、小笠原諸島；東南アジアなど世界の熱帯・亜熱帯地域のアルカリ性の土地　🅱重点対策外来種　★在来の植物の成長をじゃまする物質を出し、群生する。群生している場所への人や動物の入りこみをじゃまする。土に過剰に窒素をたくわえ、環境汚染の原因となる。

ギンネムの生えたあとには、何も生えなくなります。

窒素は大事！でも毒！

空気には、窒素が約80％ふくまれています。生き物の体をつくるのに大事なタンパク質は「アミノ酸」というものからできていますが、このアミノ酸の中には窒素がふくまれています。しかし、アミノ酸にふくまれる窒素を、ふつうの生き物は体の中にとり入れることはできません。

窒素からアミノ酸をつくる植物

土の中の微生物には、窒素から窒素がふくまれるものをつくる力があるものがいます。その微生物がいないと、わたしたちは窒素がふくまれるアミノ酸を体の中にとり入れることはできません。

植物のなかには、この微生物を体の中で育てているものがあります。マメのなかまの植物が有名で、根にあるふくらんだ部分（根粒）にこの微生物がいます。

▲レンゲソウの根の根粒。←の部分に微生物がすんでいます。

栄養があるから毒をもつ

マメのなかまなどは、窒素をふくんだアミノ酸を多くつくれるので、栄養満点のような気がしますね。

でも、多くのマメのなかまは、食べられないように、毒があります。毒がないと、動物に食べられて滅びてしまうからです。その毒をなくすものをもっているものしか、食べることができません。

だから、マメのなかまなどは、いっきにふえるのです。

▲ルピナス。草全体に毒があります。

▲モンキチョウの幼虫。マメのなかまの毒をなくすものをもっています。

自分のまわりに窒素をまく

キクのなかまは、ほかの植物の成長をさまたげる物質を出して、自分の種だけが育つようにします。でも、マメのなかまはこれとはちがい、窒素をつかうのです。

アミノ酸をつくるときに、窒素をふくんだ物質ができますが、それは生き物の体にとって毒になります。それを自分のまわりに多くすることで、ほかの植物が生えないようにしているのです。

生き物の体をつくるのに大事なアミノ酸をつくってくれるのはいいことですが、やはり、自分だけが生きのびようとするしたたかさがあります。

▲道ばたに茂っているハリエニシダ。

メモ　マメのなかまがつくった栄養を、わたしたち人間もつかっています。

世界の侵略的外来種ワースト100

※J100は、「日本の侵略的外来種ワースト100」です。㊈は「生態系被害防止外来種」です。

種名／学名	原産地	侵入地	導入の目的	被害など	日本でのあつかいなど
フクロギツネ Trichosurus vulpecula	オーストラリア	ニュージーランド	毛皮用	ニュージーランドでは大繁殖。ふんの害や農作物への食害など。	原産地では保護動物になっている。特定外来生物。
イノブタ（イノシシ・ブタ） Sus scrofa	日本をふくむユーラシア大陸	日本では、在来種。移入は対馬、沖永良部島、小笠原諸島など；南アフリカ、北アメリカ、南アメリカ、全世界の離島	食用	離島で野生化したものが生態系を破壊（対馬）、農作物への食害。福島県では2011年以降、避難対象地域で豚舎が放置され、野生のイノシシと交雑したためか、イノブタがふえている。	J100。
アカシカ Cervus elaphus	ヨーロッパ、西アジア、北アフリカ	オセアニア、南アメリカ	ハンティング用	オーストラリアでは天敵がいない、南アメリカでは在来種と競合する。	北アフリカ亜種は絶滅危惧種になっている。特定外来生物。
ヤギ Capra hircus	家畜（西アジア）	小笠原諸島、伊豆諸島、五島列島、南西諸島など；海洋島	家畜として飼われていたものが野生化	食害などにより、生態系を破壊する。	日本でも小笠原諸島、南西諸島、伊豆諸島などで野生化している。野鳥の繁殖地も破壊している。J100。
アナウサギ（カイウサギ） Oryctolagus cuniculus	ヨーロッパ	渡島大島（北海道）、隠岐、伊豆諸島、瀬戸内海の島嶼、屋那覇島（沖縄県）など；オーストラリア	家畜、狩猟用・ペット	植生を破壊したり、在来種と競合したりする。	日本では島嶼で野生化している。J100。㊈
カニクイザル Macaca fascicularis	インドシナ半島、ボルネオ、フィリピン	太平洋の離島、ニューギニア島	ペット、観光施設用など	食害があり、近似種と交雑するなどの被害がある。	一時伊豆諸島の地内島で野生化した。特定外来生物。
ヌートリア Myocastor coypus	南アメリカ中南部	静岡県～山口県の本州、四国、九州；ヨーロッパ、北アメリカなど	毛皮用	野菜や在来植物を食害する。また巣をつくることで堤防を破壊する。	太平洋戦争時に、毛皮用として導入したものが放逐された。J100。特定外来生物。
クマネズミ Rattus rattus	インドシナ半島	日本全土；全世界	荷物などにまぎれこむ	離島の海鳥を捕食する。また感染症を広げ、穀物を食べるなどの農業被害がある。	日本には弥生時代にはいたといわれている。㊈
ハツカネズミ Mus musculus	ユーラシア大陸、アフリカ、オセアニア	日本全土；全世界	荷物にまぎれて	クマネズミと同様。	㊈
トウブハイイロリス Sciurus carolinensis	北アメリカ	イギリス、ヨーロッパ、南アメリカなど	ペット	在来種と競合する。また農作物を食害する。	日本では定着していない。特定外来生物。㊈
フイリマングース Herpestes auropunctatus	中国南部から、ネパール、インドなどをへてイラン・イラク	鹿児島県薩摩半島、奄美大島、沖縄島；ヨーロッパ（バルカン半島）、ハワイ諸島、西インド諸島、世界各地の離島	毒ヘビの駆除	離島の固有の在来種を捕食する。	沖縄島、奄美群島では駆除がすすんでいる、以前、指宿市などにハブ対マングースのショーをしていた施設があった。J100。特定外来生物。
オコジョ Mustela erminea	ユーラシア大陸、日本（本州中部地方以北）	ニュージーランド	ネズミ、アナウサギなどの駆除	天敵がいない。生態系の頂点に立つため、在来の生物を捕食する。	日本ではもともと生息している。
アカギツネ Vulpes vulpes	ユーラシア大陸北部など、北海道	千葉県、埼玉県；オーストラリアなど	キツネがり用	生態系の頂点に立つので、在来の生物を捕食する。	日本ではアカギツネの亜種ホンドギツネとエゾキツネがいるので、外来種あつかいはない。
イエネコ（ノネコ） Felis catus	北アフリカ	全世界	ペットやネズミ取り用	日本でも離島で被害がある。ヤマネコへネコエイズを広げる可能性がある。	J100。
インドハッカ Acridotheres tristis	中国南部、東南アジア、インド	関東地方、沖縄県（現在は生息していない）；アメリカ、アフリカ南部、オーストラリアなど	ペット・害虫駆除	ふんやごみあさりなどの被害がある。またほかの鳥と競合し、農作物への食害がある。	日本で1961～1981年の間に首都圏で繁殖していた。ただし自発的に飛来する個体もいると考えられる。
シリアカヒヨドリ Pycnonotus cafer	中国南部から、タイ北部、ミャンマーをへてインド、パキスタン	ハワイ諸島、アラブ地方	ペットが逃げ出したもの	都市害鳥。農作物を食害する。また、ほかの種類と競合する。	日本ではヒヨドリとの競合がおそれられている。日本には定着していない。㊈
ホシムクドリ Sturnus vulgaris	ヨーロッパ～シベリア	北アメリカ、オーストラリア、ハワイ諸島など	放鳥など	都市害鳥になる。農作物への食害がある。	日本には冬鳥として飛来してくる。
アカミミガメ Trachemys scripta	北アメリカ、メキシコ	日本全土；ヨーロッパ、オーストラリア、中国など全世界	ペット	在来種と競合する。	原産地では環境破壊や乱獲のために減少し、保護されている。J100。㊈
ミナミオオガシラ Boiga irregularis	オーストラリア、ニューギニア島	グアム島、サイパン島、沖縄島	荷物にまぎれて	在来鳥類の捕食など	日本でもペットとして入ってきていた。毒がある。特定外来生物。㊈
ウシガエル Rana catesbeiana	北アメリカ	日本全土；ヨーロッパ、東南アジア、台湾、韓国	食用	在来のカエルを捕食し、また競合する。	日本には食用として導入。特定外来生物に指定されているので、ウシガエルの肉は流通していない。J100。㊈
コキーコヤスガエル Eleutherodactylus coqui	プエルトリコ	ハワイ諸島、フロリダ半島、ほかの西インド諸島、ガラパゴス諸島など	観葉植物にまぎれて？	卵からおたまじゃくしにならず、カエルが生まれてくるので、水がいらない。在来の昆虫類を捕食、ほかの外来生物の餌資源となっている。	プエルトリコでは人気がある。特定外来生物。
オオヒキガエル Rhinella marinus	北アメリカ南部～南アメリカ	八重山列島、小笠原諸島、大東諸島；太平洋の島嶼、オーストラリア、西インド諸島	サトウキビ畑の害虫駆除のため	有毒なので天敵がおらず、爆発的にふえ、島嶼の固有昆虫を食害する。	小笠原諸島へはアメリカ軍が移入。日本ではオガサワラハンミョウが激減したのはオオヒキガエルのせいと考えられている。特定外来生物。
カダヤシ Gambusia affinis	北アメリカ（ミシシッピ川流域）	福島県以南；世界各地	ボウフラ駆除（蚊を絶やす）	メダカなど、在来種と競合する。	日本には、1913年にアメリカから導入。J100。特定外来生物。
ウォーキングキャットフィッシュ Clarias batrachus	東南アジア～インド	沖縄島；北アメリカ、ニューギニア島、スラウェシ島、フィリピン、台湾	食用として	地上をはって移動でき、生命力が強い。在来種を捕食する。	日本では沖縄島に定着。
コイ Cyprinus spp.	中央アジア、中国、日本	日本では、在来のものと中国などから移入されてきたものがいる；北アメリカなど全世界	食用などとして	きたない水を好み、小動物から水草など何でも食べるので、生態系が貧しくなる。ただ東ヨーロッパでは聖なる食材となっており、クリスマスイブにはかかせない。	日本には在来のものと、中国から昔に移入してきた系統、ヨーロッパからきた系統がある。国内移入も同じ問題があり、ブラックバスと同様の問題が起こっている。錦鯉は日本でつくられたもの。
ニジマス Oncorhynchus mykiss	北アメリカ、カムチャツカ半島	北海道、東京都、和歌山県、中国地方、放流は全国的に行われている；ほぼ全世界	食用、釣り用として	ほかのサケ科の魚と競合し、水生昆虫などを捕食する。	日本では、イワナなどが産卵した川底を掘り起こす。J100、㊈。ただし、日本で「マス」といったら今はニジマスをさす。
ブラウントラウト Salmo trutta	ヨーロッパ	富山県・長野県・神奈川県以北の本州諸島、小笠原諸島；ほぼ全世界	ニジマスなどにまぎれて	在来の魚に対する捕食があり、また競合もする。	日本では個人による放流の可能性がある。生態系の混乱が起こっている。ただ従来の生息地の一部では絶滅危惧になっている。
オオクチバス Micropterus salmoides	北アメリカ	北海道～九州；ほぼ全世界	食用、釣り用として	在来の魚や水生昆虫などを捕食する。	日本では1925年に食用と釣り用に芦ノ湖に放流された、1970年から無許可の放流が禁止されたが、違法な放流により生息域が拡大した。放流は釣り具業者や釣り愛好家などが行っている。1974年に琵琶湖で確認された。琵琶湖の魚を放流しているところが多いので、一気に拡散。新しくできたダム湖でも放流がある。J100。特定外来生物。

> **メモ** 家畜などもふくまれています。オーストラリアでは、ヒトコブラクダが野生化しています。

世界の侵略的外来種ワースト100とは、国際自然保護連合（IUCN）の種の保全委員会が定めた、本来の生育・生息地以外に侵入した外来種の中で、とくに生態系や人間活動への影響が大きい生物のリストです。日本に侵入してきたものも、侵入していないもの、また日本から侵出したものもいます。

種名／学名	原産地	侵入地	導入の目的	被害など	日本でのあつかいなど
カワスズメ（モザンビークティラピア） Oreochromis mossambicus	アフリカ南東部	北海道、鹿児島県、沖縄島、小笠原諸島；世界各地	食用として	めすが卵を守り、また成長もはやいので、ふえやすい。在来種を捕食し、また競合する。	日本ではタイの代用魚として使われていた。㊩。
ナイルパーチ Lates niloticus	アフリカ熱帯域	ビクトリア湖などイギリス領だったアフリカ各地	食用として	ビクトリア湖では固有のシクリッドを食害で200種以上絶滅させ、ビクトリア湖の生態系に非常に悪い影響を与えた。	日本では観賞魚として流通している。くせのない肉なので、ヨーロッパや日本に輸出されている。特定外来生物。
チュウゴクモクズガニ Eriocheir sinensis	中国、朝鮮半島	ヨーロッパ、アメリカなど	バラスト水にまぎれて	高級食材、カニ味噌がおいしい。ヨーロッパ、アメリカでは陸伝いにほかの川へ次々と侵入し、爆発的にふえた。川底に穴をほるため環境がかわる。	日本では生きたものが見つかった例はあるが、未定着。山形県などで養殖していた。日本産のモクズガニとは交雑はむずかしいと考えられる。ただし競合はすると考えられる。特定外来生物。
ミドリガニ Carcinus maenas	地中海、黒海、ヨーロッパ西部など	東京湾～東海地方、瀬戸内海、和歌山県、四国、福岡県；オーストラリア、南アフリカ、北アメリカ、パタゴニア、日本	バラスト水などにまぎれて	侵入した地域の在来二枚貝を食害し、外来二枚貝がふえることにより、生態系が破壊された。漁業ができなくなったところもある。ただし、カニ自体はおいしく食用になる。	日本に侵入したのはヨーロッパミドリガニとチチュウカイミドリガニの雑種らしい。
イエシロアリ Coptotermes formosanus	台湾、中国、香港	関東地方南部以西；東南アジア、太平洋の島々、アメリカ合衆国南部、南アフリカ	木材にまぎれて？	建築材を食害する。世界のシロアリのなかでもっとも加害が激しく、1つの巣から100mにおよぶ範囲で被害をもたらす。	小笠原諸島などには建築資材にまぎれて侵入、野外の材も食害している。
タバコココナジラミ（シルバーリーフコナジラミ） Bemisia tabaci	おそらくインド。日本では自然分布。北アメリカという説がある	ほぼ世界中	農作物などにまぎれて？	いろいろな植物から吸汁し、成長をさまたげ、収穫をへらす。またウイルスを媒介する。	日本での初確認は1989年だが、この時点で22県で見つかっている。
Cinara cupressi	チリ、アルゼンチン	中央アメリカ、アフリカ、ヨーロッパ、西アジア、モーリシャス	不明	イトスギ、ビャクシンに寄生して吸汁し、立ち枯れを起こす。	日本には未定着。
キオビクロスズメバチ Vespula vulgaris	ユーラシア大陸の寒冷地域、日本（北海道、本州）	ニュージーランド、オーストラリアなど	人為的、不明	果物を食害したり、人をおそったりする害がある。オーストラリアでは巣が巨大化し、何年も同じ巣で活動するようになり、女王も多くいるようになった。また在来の昆虫と、えさや獲物などで競合する。	アメリカに侵入したものは、ヨーロッパクロスズメバチ。
アシナガキアリ Anoplolepis gracilipes	おそらくアフリカ	奄美群島以南の南西諸島；西インド諸島、クリスマス島などのインド洋の島々、ハワイ諸島などの太平洋の島々	不明、交易？	放浪種で、特定のコロニーに何びきもいるので、撲滅がむずかしい。女王アリがコロニーに何びきもいるので、撲滅がむずかしい。コロニーが通る道にあるものは何でも攻撃するので、クリスマス島では固有のカニや鳥が激減している。またアブラムシを保護するので、木が枯れる被害が出ている。	日本では沖縄島に侵入、市街地ではふつうに見られる。南大東島では鳥のひなへの攻撃があった。
アルゼンチンアリ Linepithema humile	南アメリカ南東部	東京都以西の本州、四国；北アメリカ、オーストラリア、ニュージーランド、ハワイ諸島、ヨーロッパ、南アフリカ	木材にまぎれて	ほかのアリをおそうので、侵入した地域ではほかのアリ類が見られなくなる。また鳥などをおそうこともある。人家に侵入したときは人や家畜が攻撃対象になる。侵入した先ではアリ同士が近親のため、大きなコロニーになる。コロニーをかえるので駆除がむずかしい	日本では、ミツバチの巣をおそうことや、アブラムシを保護することによる農業被害が出ている。J100。特定外来生物。㊩。
コカミアリ Wasmannia auropunctata	中央・南アメリカ	アフリカ、北アメリカ、オーストラリア、ソロモン諸島、イスラエル、ガラパゴス諸島、ハワイ諸島	不明	多女王性で繁殖能力や分布拡大能力が高い。人をさすだけでなく、いろいろなものを捕食するので環境の多様性がへり、ほかの昆虫類と競合して減少させる。ガラパゴス諸島ではガラパゴスゾウガメの子どもを殺したり、ゾウガメのおとなをおそったりする。	特定外来生物。㊩。
ツヤオオズアリ Pheidole megacephala	おそらくアフリカ南部	南西諸島、小笠原諸島；全世界の熱帯	不明	非常に凶暴な性格で、侵入したところでは植物相が貧弱になる。	日本では生態系にとけこんでおり、また自然環境には侵入していないため、大きな被害はない。
ヒアリ（アカヒアリ） Solenopsis invicta	南アメリカ南部	北アメリカ、東南アジア、オーストラリア、台湾、中国南部	船荷	農作物への害や、鳥類などの動物の捕食が見られる。毒針でさすので、それによる被害がある。	特定外来生物。㊩。
ヒメアカカツオブシムシ Trogoderma granarium	インド	アジア、アフリカ、ヨーロッパ		貯蔵穀物などを加害する。高密度、低温で幼虫が休眠するが、この休眠虫は低温に強く、燻蒸にも強い。	日本では未定着。
ツヤハダゴマダラカミキリ Anoplophora glabripennis	中国、朝鮮半島	北アメリカ、オーストラリア、ヨーロッパ	木材などにまぎれて	広葉樹の生木を食べるので、樹木が枯れる。	日本では未定着。
マイマイガ Lymantria dispar	ユーラシア大陸、日本	北アメリカ		日本でも大発生するガ。もともとの生息地では天敵がいて、発生量はおさえられるが、天敵のいないところは大発生してもおさえるものがなく、爆発的にふえる。広葉樹、針葉樹どちらも食べる。	日本では在来種だが、ときどき大発生して、森林や果樹園で被害がある。北アメリカに侵入したものはヨーロッパ産。
ヒトスジシマカ Aedes albopictus	東南アジア、東アジア。日本では在来種	北アメリカ、中央～南アメリカ、ヨーロッパ、西アジア	資材にまぎれて	デング熱、ジカ熱、西ナイル熱などを媒介する。	日本では在来種。
Anopheles quadrimaculatus	北アメリカ	具体的な侵入先はない		ほかのハマダラカは熱帯性だが、この種は温帯性で、マラリアを媒介する。アメリカではマラリアは撲滅されたが、最近またマラリア患者が出ている。それはこのカのせいといわれている	マラリアを運ぶ温帯性のハマダラカなので、ほかの地域に侵入した場合、マラリアを広げる可能性が高い。
Cercopagia pengoi	カスピ海、黒海	ヨーロッパ各地、北アメリカ	バラスト水にまぎれて	ふえると植物プランクトンを大幅に消費し、ほかの動物プランクトンと競合する。またこれを食べる魚類を大量にふやす。	日本には未定着。
ムラサキイガイ Mytilus galloprovincialis	地中海沿岸	日本全土；全世界	船底などについて	繁殖力が強く、なんにでも付着するので、発電所の取水口などをつまらす。	ふつうに見られる。おいしい。㊩。
カワホトトギスガイ Dreissena polymorpha	カスピ海、黒海	北アメリカ、ヨーロッパ	バラスト水にまぎれて	あらゆるものに付着し、発電所の取水口などをつまらせたり、ほかの貝の上について死滅させたりする。また植物プランクトンを大量に消費するため、水質が変化し生態系がかわる。	日本では未定着。特定外来生物。㊩。
ヌマコダキガイ Potamocorbula amurensis	北海道、本州；朝鮮半島、中国	サンフランシスコ湾	バラスト水にまぎれて	海底の優先種となり、大量の動物性プランクトンを食べ、生態系が崩壊する。	日本では絶滅危惧I類。
アフリカマイマイ Achatina fulica	アフリカ東部	南西諸島、小笠原諸島；東南アジア、インド洋、太平洋の島嶼、カリブ海沿岸	食用として	ほぼあらゆる植物を食べる。農作物への被害が大きい。広東住血吸虫を媒介する。	日本にも食用で導入、鹿児島県本土では駆除。J100。
ヤマヒタチオビ Euglandina rosea	アメリカ合衆国南東部	小笠原諸島父島；全世界	アフリカマイマイの駆除のため	アフリカマイマイよりも、島固有の在来種を捕食したため、多くの島で在来種が絶滅した。	日本では、小笠原諸島に導入されたが、在来の固有種を捕食した。J100。特定外来生物。㊩。

メモ　食用として移入されたものが放置されたり、逃げだしたりしたものも多くいます。

種名／学名	原産地	侵入地	導入の目的	被害など	日本でのあつかいなど
スクミリンゴガイ Pomacea canaliculata	南アメリカ（ラプラタ川流域）	関東地方・長野県以南：東南アジア、中国、台湾、朝鮮半島、ハワイ諸島、北アメリカなど	食用として	イネ、レンコンなどを食害する。卵には毒がある。	養殖場から逃げたもの。味はおいしいらしい。J100。⊕。
キヒトデ Asterias amurensis	日本全土、中国北部、朝鮮半島、ロシア東部	オーストラリア東南部	バラスト水にまぎれて	ウニやヒトデ、ホヤなどを食べて在来種に影響をあたえ、養殖のカキ、ホタテなどを食害した。	日本は在来種だが、被害がある。
ニューギニアヤリガタリクウズムシ Platydemus manokwari	ニューギニア島	沖縄島、小笠原諸島：オーストラリア、太平洋の島嶼、インド洋の島嶼	アフリカマイマイ駆除のため、日本には不明	島嶼固有の在来種を捕食し、激減させた。	特定外来生物、⊕。
Mnemiopsis leidyi	北アメリカ〜南アメリカの大西洋側	黒海、地中海、北海、バルト海、カスピ海など	バラスト水にまぎれて	大量発生することで動物プランクトンが減少し、それらを捕食する魚類や海洋哺乳類に影響をあたえる。	⊕。
イチイヅタ Caulerpa taxifolia	アフリカからインド洋、南シナ海から日本	地中海、オーストラリア、北アメリカ（カリフォルニア）、ニュージーランド	水族館から流出	水そうの水草としてつかわれていた。モナコ水族館で水そうのそうじがわりに紫外線を当てつづけたものが突然変異し、大きな群落をつくり、また冷たい海でも深いところでも育つような株ができた。海藻群落の破壊。	日本では在来種。⊕。
オオサンショウモ Salvinia molesta	中央・南アメリカ	兵庫県、沖縄県で野生化したことがある：オーストラリア、ニュージーランド、東南アジア、アフリカ	水そうの観賞用のものが逸脱	オーストラリアやアフリカでは在来種と競合し、水田の雑草となっている。またふえるスピードがはやく、湖や池の浄化に役立つが、枯れると水がきたなくなる。	日本では在来種のサンショウモと競合する。⊕。
Spartina anglica	同じ属の雑種	アジア、オーストラリア、ニュージーランド、ヨーロッパ、北アメリカ	土砂流出抑制のため	マコモなどと競合し、単一の群生をつくる。カキの漁ができなくなる。	日本では未導入。特定外来生物。
ホテイアオイ Eichhornia crassipes	南アメリカ	本州以南：北アメリカ、ヨーロッパ、オセアニア、東南アジア、朝鮮半島	観賞用	繁殖力が強く、水面をおおいつくす。水の流れをとどこおらせ、水運、漁業にも悪影響がある。冬になると枯れてくさり、まわりに悪影響がある。ほかの水面植物と競合する。ほかの植物の成長を阻害する毒を出す。	中部地方以西で野生化している。⊕。
ワカメ Undaria pinnatifida	日本、朝鮮半島	ニュージーランド、ヨーロッパ、オーストラリア、北アメリカ、南アメリカ	バラスト水にまぎれて	天敵がいないため、増殖して、水面下をおおい、ほかの海藻と競合したり、漁業などに悪影響がある。日本と朝鮮半島以外では食べない。	日本では在来種。
アカキナノキ Cinchona pubescens	南アメリカ	太平洋の島嶼	マラリアの薬をとるため	在来の植物の成長をさまたげる。根の一部からでもふたたび木になり、除草剤もきかないので、絶やすことがむずかしい。	日本では、植物園などで栽培。⊕。
アメリカクサノボタン Clidemia hirta	メキシコ〜パラグアイ	オーストラリア、インド、スリランカ、東南アジア、アフリカ東部、マダガスカル、ハワイ諸島、太平洋の島嶼	不明	実が甘いため、鳥によりいっきに分布を拡大する。成長がはやいため、ほかの植物より先に優占し、ほかの植物の成長をさまたげることで、競合する。	日本では植物園だけに生える。⊕。
イタドリ Fallopia japonica	中国、台湾、朝鮮半島、日本	ヨーロッパ、北アメリカ、ニュージーランド	園芸種として日本から	地下茎がのびて、道路や家、堤防などを破壊する。湿地に群落をつくって、生態系をこわす。	日本では在来種。
エゾミソハギ Lythrum salicaria	ヨーロッパ、アジア、北アフリカ、北海道	北アメリカ、ニュージーランド	不明	またたくまに増殖して、在来の生態系をこわしたり、川や運河をせきとめたりする。	日本では九州以北の在来種。
オオバノボタン Miconia calvescens	中央・南アメリカ	ハワイ諸島などの太平洋の島嶼	観賞用	林の中の暗いところに生え、大きな葉で日光をさえぎるため、その下からは何も生えてこず、この種だけが生える状態になる。	沖縄や温室の中で栽培している。
センニンサボテン Opuntia stricta	アメリカ大陸熱帯域	アフリカ、オーストラリア、ニュージーランド、ヨーロッパなど	観賞用、食用	繁殖力が強く、植生を破壊する。またとげにより、人や家畜がけがをする。	沖縄の一部の島で野生化。ウチワサボテン属として、⊕。
カエンボク Spathodea campanulata	アフリカ熱帯部	オーストラリア、中央・南アメリカ、インド、フィリピン、ハワイ諸島、ニューギニア島	観賞用	繁殖力が強く、じょうぶで、いろいろな場所に生えてくるので、各地で野生化している。ハワイ諸島では在来の生態系の破壊がおそれられている。	日本では植栽はされているが、野生化していない。⊕。
カユプテ Melaleuca leucadendra	ニューギニア島、オーストラリア	フロリダ半島	土地の乾燥化をするため	成長するために大量の水を必要とする。それで乾燥化につかわれたが、近くの国立公園まで侵入し、在来生物をおびやかしている。	アロマセラピーに使われている。
キバナシュクシャ Hedychium gardnerianum	インド、ネパール、ブータンのヒマラヤ山系	ニュージーランド、ハワイ諸島	観賞用	木の下でも成長が、またたくさんの実をつけ、それを鳥が食べ、さらに根のかけらからでも生えてくるので、爆発的にふえる。そのため、ほかの植物を追いやり、森のようすをかえてしまう。	日本では、沖縄などや温室の中で栽培している。野生化はしていない。
キバンジロウ Psidium cattleianum	ブラジルとその周辺	ハワイ諸島、インド、太平洋の島嶼、オーストラリア	食用	グァバのなかま。ハワイ諸島には商業的な目的で導入したが、うまくいかずに放棄、それが野生化。日かげでも育ち、塩分にも強いのでいろいろな環境ではびこる。また根からも生えてくるので、この種だけのやぶをつくってしまい、ほかの在来種を育たなくなる。	小笠原諸島に導入している。固有種との競合が考えられている。⊕。
キミノヒマラヤイチゴ Rubus ellipticus	中国〜ネパール〜インド、インドシナ半島、フィリピン	アフリカ、ハワイ諸島	食用、園芸用	地下茎でかぎりなくふえ、やぶをつくるので、在来種と競合。ハワイでは在来のキイチゴ類がかなりへった。	日本には近縁の種が侵入しているが、この種は侵入していない。
ギンネム Leucaena leucocephala	中央・南アメリカ	沖縄県、小笠原諸島、九州南部：全世界の熱帯域、亜熱帯域	畑の肥料などとして	肥料分が少ないところではやく育つことができる。ほかの植物の成長をさまたげる毒を出すので、ギンネムだけのやぶをつくる。在来植物が生えるような環境で大群落をつくる。	日本では、小笠原諸島、沖縄に導入した。最初は管理されていたが、戦争などのために放置され、野生化している。沖縄の荒れ地ではギンネムばかりのところが多くある。
クズ Pueraria lobata var. lobata	東南アジア、中国、朝鮮半島、日本	北アメリカ	飼料用などとして	繁殖力がものすごく、低木などは簡単におおってしまう。また地下茎があるため、地上部を刈りとってもすぐに生えてくるので根絶が非常にむずかしい。したがって、広大な面積をクズがおおってしまい、ほかの植物に悪い影響をあたえる。	日本では在来種だが、同じような被害がある。以前は生活の材料として刈りとっていたが、今は刈りとることがなくなり、低い林をおおってしまうこともよくある。
サンショウモドキ Schinus terebinthifolius	南アメリカ	小笠原諸島：ヨーロッパ、オーストラリア、北アメリカ、南アフリカ、ハワイ諸島、中国、カリブ海沿岸、太平洋の島嶼、ニュージーランド	観賞用	伐採後などで最初に茂り、ほかの在来種が生えてこないようになる。いろいろな悪い条件にも強く、とくに湿地やマングローブ林で、ほかの植物を追いやることが多い。	日本では小笠原諸島に侵入している。おそらくアメリカ軍が持ちこんだものと思われる。
セイロンマンリョウ（コウトウタチバナ） Ardisia elliptica	インド、スリランカ〜マレー半島〜ニューギニア島	オーストラリア、北アメリカ、カリブ海沿岸、マダガスカル、セーシェル、ハワイ諸島などの太平洋の島嶼	園芸種、果樹として	たねから2〜4年でたねがつけられるようになり、明るいところでは約400この実をつけることができ、鳥などに食べられて、広がりやすい。種子は休眠することなくすぐに芽が出る。若い木は暗いところでは長い間育つのをやめることができ、明るくなったら、急にのびるようになる。これらのことから、ほかの在来種が生えるのをじゃまする。	日本では園芸植物として入ってきているが、野生化はしていない。⊕。

メモ アフリカマイマイを駆除するために導入したことで、さらに2つのこわい生物が外来生物になっています。

種名／学名	原産地	侵入地	導入の目的	被害など	日本でのあつかいなど
Tamarix ramosissima	ユーラシア大陸	南アフリカ、オーストラリア、北アメリカ、メキシコ、アルゼンチンなど	観賞用	川岸や湖岸に生え、いろいろな悪い環境でも育つので、在来種と競合する。在来の生物が食べないので、発達した根で枝や葉などがつまり、環境も悪くなる。在来種と競合する。	
ダンチク *Arundo donax*	地中海沿岸、西アジア、東アジア、関東地方以西の日本	北アメリカ、カリブ海沿岸、オーストラリア、ニュージーランド	屋根の材料として	川岸などに密生し、ほかの植物を追い出すために在来の植物に悪い影響がある。	日本でも川岸に密生する。
チガヤ *Imperata cylindrica*	中央アジア、アジア、日本、太平洋の島嶼、オーストラリア、アフリカ	アメリカ大陸、ヨーロッパ、アフリカ、アジア北部、ニュージーランド	不明	いろいろな環境で育つことができ、また地下茎が横にはってそこから葉が出、さらにたねが風で飛んでいくので、絶やすことがむずかしい。天敵のいないところでは、はびこってほかの在来植物を追いやってしまう。ほかの植物が生えるのをさまたげる毒を出す。雨季乾季がはっきりしたところではチガヤがよく茂り、森になることをさまたげる。	日本では在来種。チガヤが生えたあとにススキ、タケが生え、やがて林になる。
ハギクソウ *Euphorbia esula*	ヨーロッパ、アジア、朝鮮半島、日本（渥美半島）	アメリカ大陸	物資にまぎれて	かげをつくることや水と栄養をとることで、在来種とおきかわる。毒素を出すので、ほかの植物が育たない。少し生えていると、あっという間に広がっていく。毒があるので家畜が食べない。	日本では渥美半島だけに生える、絶滅危惧ⅠA類の植物。
ハリエニシダ *Ulex europaeus*	ヨーロッパ	神奈川県、島根県、和歌山県、四国；アメリカ大陸、ニュージーランド、オーストラリア、南アフリカ、スリランカ、中国、インドネシア	ニュージーランドには垣根として	天敵がいない状態で、ほかの在来植物を追いやる。地下茎でもふえ、アリがたねを運んで広がる。針があるので、家畜は食べず、ぬきとるのがやっかい。	日本には本州で定着している。
ヒマワリヒヨドリ *Chromolaena odorata*	北アメリカ南部、メキシコ、カリブ海沿岸	南アメリカ、アジア熱帯域、アフリカ西部、オーストラリア	園芸種として、生薬用として	1本につきたねが80000〜90000こできる。また根からも再生できる。カの幼虫を殺す作用がある。ほかの植物が生えなくなる毒を出す。アフリカではもっともたちが悪い侵入種となっており、森林の再生をさまたげている。南アフリカでは、種の多様性に影響がある。	沖縄に侵入している。
フランスカイガンショウ *Pinus pinaster*	地中海西部	イギリス、南アフリカ、オーストラリア、ニュージーランド	観賞用	最初に荒れ地に入りこむため、いっきにふえ、ほかの植物が育たなくなる。	日本では、天敵がいるために、ふえない。
Prosopis glandulosa	北アメリカ南西部、メキシコ	アフリカ、ペルシャ湾沿岸、オーストラリア	まきや家畜の飼料として	動物などに食べられてたねが運ばれ、急激にふえる。栄養が少ない土地でも自分で栄養をつくれて、塩分にもたえられるので、肥料分が少ない草地でも育つ。	日本では野生化していない。
ホザキサルノオ（ウスバサルノオ）*Hiptage benghalensis*	インド、東南アジア、フィリピン	オーストラリア、ハワイ諸島、インド洋の島嶼、北アメリカ	観賞用	つる性の植物で、やぶをつくり、在来種を追いやる。生態系をこわす。	日本では沖縄での確認が進んでおらず、在来種か外来種か不明。
Mikania micrantha	中央・南アメリカ	インド〜東南アジア、オーストラリア、太平洋の島嶼、レユニオン	おそらくほかの種のたねに混入	成長がはやく、すぐにほかの植物をおおってしまい、在来植物を追いやってしまう。そして生物の多様性を貧相にしてしまう。	日本には侵入していない。
アメリカハマグルマ（ミツバハマグルマ）*Wedelia trilobata*	中央・南アメリカ	沖縄諸島；アジア、アフリカ、北アメリカ、カリブ海沿岸、ヨーロッパ、オーストラリア、ニュージーランド、太平洋の島嶼	観賞用、日本には緑化植物として	在来種を追いやりながら、急激に広がっていく。マングローブ林などに侵入し、生態系をおびやかしている。	日本では沖縄に定着しているが、侵略しているというほどではない。
Mimosa pigra	中央・南アメリカ	アジア、アフリカ、北アメリカ、ハワイ諸島、カリブ湾沿岸、オーストラリア、ニュージーランド、太平洋の島嶼	不明	田では雑草となり、湿地では灌木林になり、生態系と多様性をおびやかしている。	日本には侵入していない。
Myrica faya	アゾレス諸島、マデイラ諸島、カナリア諸島、ポルトガル南部	ハワイ諸島	不明	在来植物を追いやってしまう。	日本には未導入。
モリシマアカシア *Acacia mearnsii*	オーストラリア南東部、タスマニア島	アジア、アフリカ、北アメリカ、南アメリカ、ヨーロッパ、カナリア諸島、ハワイ諸島	園芸用	繁殖力が強く、木が高いので、ほかの植物の成長をさまたげる。インド、アフリカ、ブラジルなどで被害が大きい。	日本では園芸植物として流通。
ヤツデグワ *Cecropia peltata*	北アメリカ南部〜南アメリカ	アフリカ、ハワイ諸島	園芸用	大木ではやく成長し、ふえやすい。まず最初に生えてくる植物で、いろいろなところや荒れ地にも生えるので、そのあとに在来種が生えにくい。	日本では園芸種。
ランタナ *Lantana camara*	メキシコ〜南アメリカ	沖縄県、小笠原諸島；ほぼ全世界	園芸用	灌木をつくり、ふえやすく、また根もはる。いろいろな環境で生えることができ、在来種と競合する。	日本では園芸種として売られている。日本では実害はほとんどない。
Ligustrum robustum	南アジア〜東南アジア	モーリシャス、レユニオン	薬用	在来植物が生えるような荒れ地などに最初に生え、在来植物をおびやかしている。	日本には未導入。
アファノマイセス菌（ザリガニペスト）*Aphanomyces astaci*	北アメリカ？	ヨーロッパ	北アメリカから輸入したエビ、もしくはバラスト水にまぎれて	エビの尾に菌糸が広がることで白か赤茶きてきて、最後は神経毒でエビが死ぬ。	日本のエビにも感受性がある。
エキビョウ菌 *Phytophthora cinnamomi*	不明	北アメリカ、オーストラリア	不明	植物の根ぐされを起こす。森林を破壊する。感受性が高い植物がへることにより、動物にも被害が出る。果樹園などでも被害が出る。	日本では未定着。
カエルツボカビ *Batrachochytrium dendrobatidis*	東アジア、日本	北アメリカ、中央・南アメリカ、オーストラリア	不明	ケラチンという物質につき、カエルが呼吸できなくなりやがて死んでしまう。世界の両生類の30％が少なくなったという話がある。	日本には、最初、ペットとして持ってこられたカエルについているとして、海外から連れられてきたカエルが一時期槍玉にあげられた。ところが日本のカエルはかかりにくいことと、カビの系統が多くあったこと、一方海外ではカビの系統が1つしかないことかかりやすいことなどから、今は日本をふくめた東アジアが起源と考えられている。
クリ胴枯病菌 *Endothia parasitica*	東アジア、日本	北アメリカ	品種改良のためのクリの移植	クリが枯れることにより、その実を食べる動物に影響がある。また、いい材木がとれなくなり、産業的にも被害がある。	日本では在来種。抵抗力がある。
鳥マラリア原虫 *Plasmodium relictum*	アジア、アフリカ、アメリカ大陸	ハワイ諸島などの太平洋の島嶼	渡り鳥により	カによって伝播する。伝播する鳥は多種類で、赤血球や肝臓に寄生して、貧血や元気がなくなるなどいろいろな症状が出る。放置すると死ぬこともある。ハワイでは絶滅した種もいる。	日本では、カラス、スズメなども感染している。動物園のペンギンも感染したことがある。
ニレ立ち枯れ病菌 *Ophiostoma ulmi*	中国、日本	北アメリカ、ヨーロッパ、ニュージーランド	菌を広めるキクイムシが、家具にひそんで侵入	キクイムシが媒介する。病原体に感染すると、木部組織をふさいで病原体があがらないようにするが、そのとき水が通る管もふさぐので、木が枯れてしまう。	日本では、北海道でふつうに見られるが、大量に枯れたという話はない。
バナナ萎縮病ウイルス *Babuvirus spp*	不明	小笠原諸島、沖縄県；東南アジア〜西アジア、アフリカ、オーストラリア、ハワイ諸島などの太平洋の島嶼	不明	アブラムシが媒介する。やがて枯れてくる。かかった苗は燃やすなどしないと、ほかに伝播する可能性がある。	

メモ 園芸のために持ってこられたものも多くあります。野菜として持ってこられたものもあります。

日本の侵略的外来種ワースト100

種名	学名	原産地	侵入地	導入の目的	被害など	法的なあつかいなど
イノシシ・ブタ（イノブタ）		➡世界の侵略的外来種ワースト100				
ヤギ		➡世界の侵略的外来種ワースト100				
アナウサギ（カイウサギ）		➡世界の侵略的外来種ワースト100				
ヌートリア		➡世界の侵略的外来種ワースト100				
タイワンザル	*Macaca cyclopis*	台湾	青森県、静岡県、和歌山県、伊豆大島など	動物園からの逃亡	猿害のほかに、ニホンザルとの交雑が起こっている。下北半島と和歌山県では駆除されている。	特定外来生物。
アライグマ	*Procyon lotor*	北アメリカ	北海道～九州；ヨーロッパ	ペットの逃亡	おもに森林にすむが、都市部でも生きられる。雑食性でザリガニ、カエル、昆虫、魚などをつかまえて食べるが、生ごみもあさる。また果物などの農作物も食べる被害がある。病原性レプトスピラ、アライグマ回虫を媒介する可能性がある。天敵や競合種がいないためにふえている。アメリカでも都市部に出たり、農作物の被害が出たりして問題になっている。	特定外来生物。
チョウセンイタチ	*Mustela sibirica*	ユーラシア大陸北部～中国・朝鮮半島、対馬	本州中部地方以南、四国、九州の島嶼；世界各地	荷物にまぎれて、毛皮用のものが逃亡	ニホンイタチよりも体が大きいため、競合するとニホンイタチに勝ってしまい、本種が侵入したところではニホンイタチがへっている。	。
ニホンイタチ	*Mustela itatsi*	本州、四国、九州	北海道、伊豆諸島、五島列島、南西諸島、佐渡島など	荷物にまぎれて、毛皮のため、ネズミ駆除のため	競合種と天敵がいないため、ふえやすい。鳥類やは虫類、両生類などを捕食する。	。
ノネコ（イエネコ）		➡世界の侵略的外来種ワースト100				
ジャワマングース	*Herpestes javanicus*	東南アジア	未導入（フイリマングースと同種あつかいだった）		➡世界の侵略的外来種ワースト100	
コウライキジ	*Phasianus colchicus karpowi*	カフカス地方～朝鮮半島、対馬	北海道、関東地方～東海地方、四国、九州、南西諸島；ヨーロッパ、北アメリカ、ハワイ諸島、オーストラリア、ニュージーランド	狩猟用に放鳥	体が大きいため、キジと競合する。また雑種もつくりやすい。	。
ガビチョウ	*Garrulax canorus*	東南アジア～中国南部	東北地方南部以南の本州、九州；ハワイ諸島	飼っていた鳥の逃亡	人里の環境で優勢種となり、在来種を駆逐する可能性がある。ただし、今のところ生態的な被害の話はない。声が大きくて騒音になる。ハワイ諸島では在来種がへった。	特定外来生物。
シロガシラ	*Pycnonotus sinensis*	中国、東南アジア、台湾、八重山列島	沖縄諸島	ペットの逃亡？	沖縄諸島のものは、台湾亜種と思われる。八重山列島では在来種。ヒヨドリと競合して、その生態的位置をうばう。農作物を食べる害が目立つため、駆除されている。	。
ソウシチョウ	*Leiothrix lutea*	インド北部、東南アジア、中国	関東地方～九州；ハワイ諸島、香港	ペットの逃亡	ウグイスなどの在来種と競合する可能性があるが、実害はない。	特定外来生物。
ドバト	*Columba livia*	アフリカ北部、アジア西部・中部・南部、中国	日本全土；世界中	家禽が野生化したもの	都市問題としてふんの害、農作物への被害、飛行機への衝突、病原体の媒介などがある。	有害駆除対象。
カミツキガメ	*Chelydra serpentina*	北アメリカ～南アメリカ北部	千葉県、静岡県；ヨーロッパ	ペットの逸脱	力が強く、よく食べるため、ほかの動物などを食べて在来種をへらす。ほかのカメと競合する。さらに人にかみついたり、漁具をいためたりする。	特定外来生物。
アカミミガメ		➡世界の侵略的外来種ワースト100				
グリーンアノール	*Anolis carolinensis*	北アメリカ	沖縄島、小笠原諸島；ハワイ諸島、ミクロネシアなど	小笠原諸島のものはペットが逃げ出したもの	小笠原諸島ではオガサワラトカゲと競合し、また捕食する。個体数が多く、昆虫類や節足動物を食べるため、固有種が激減している。沖縄島ではとくに問題になっていない。	特定外来生物。
スジオナメラ	*Elaphe taeniura*	台湾	沖縄島	薬、皮用、ペット	台湾亜種が沖縄島に侵入。いろいろな鳥類などを食べるため、在来種へ影響する可能性がある。また八重山列島にはスジオナメラの八重山列島亜種（サキシマスジオ）がいるために、交雑の危険があるので、八重山列島に侵入しないようにしている。	特定外来生物。
ウシガエル		➡世界の侵略的外来種ワースト100				
オオヒキガエル		➡世界の侵略的外来種ワースト100				
シロアゴガエル	*Polypedates leucomystax*	東南アジア	沖縄諸島、先島諸島	アメリカ軍の物資にまぎれて	在来種との競合、とくにオキナワアオガエルとの競合、寄生虫を在来種へ広げるの可能性がある。	特定外来生物。
カダヤシ		➡世界の侵略的外来種ワースト100				
タイリクバラタナゴ	*Rhodeus ocellatus ocellatus*	中国南部、朝鮮半島、台湾	日本本土	ハクレンにまぎれて	バラタナゴの中国に生息している名義タイプ亜種。日本産は別亜種となっているが、簡単に交雑する。観賞用になる場合もある。ニホンバラタナゴの生息地はせまい。ニホンバラタナゴよりもタイリクバラタナゴ、交雑個体のほうが環境に対する適応力が高く、競合した場合に勝ってしまう。したがって、ニホンバラタナゴの生息域に侵入した場合には、駆逐する可能性が高い。	。
ソウギョ	*Ctenopharyngodon idellus*	中国、ベトナム	利根川水系、江戸川で繁殖、放流されたものが各地に生息；アジア各地、ヨーロッパ、アメリカ大陸、アフリカ、ニュージーランド	食用、水草をとるため	中国では重要な食用魚で、農村のタンパク質源として移入された。ところが、池では卵を産まず川でのみ産卵し、卵が浮遊してしまうため、日本では流れのゆるやかな利根川や江戸川でしか繁殖していない。ただし、放流は各地で行われて、水草を食べて激減させるという害が起こっている。その一方で水草が生えてほしくないゴルフ場などで放流がつづけられている。	。
ニジマス		➡世界の侵略的外来種ワースト100				
ブラウントラウト		➡世界の侵略的外来種ワースト100				
オオクチバス		➡世界の侵略的外来種ワースト100				
コクチバス	*Micropterus dolomieu*	北アメリカ北東部	本州；ヨーロッパ、アフリカ、中央アメリカ、ハワイ諸島	釣り用として	オオクチバスよりも冷たいところにもすむことができ、流れがある川でもすめるので、そのような場所に放流されている。在来種を食べ、へらしてしまう。	明らかに違法に、釣り対象のためにアメリカから連れてこられ、放流された。特定外来生物。
ブルーギル	*Lepomis macrochirus*	北アメリカ東部	日本本土；世界各地	食用、もしくは放流にまぎれて	食用としてアメリカから移入し、全国各地で放流された。ところが稚魚を守るために卵を食べやすいこと、小動物などを食べることだから在来魚を食べたり競合したりして、在来魚に深刻な影響をあたえている。	中国では食用として養殖している。特定外来生物。

 日本の生物は大陸とはなれて種になったものが多くいます。それで、交雑をするような動物は、危険な外来生物と見なされます。

日本の侵略的外来種ワースト100とは、日本生態学会が定めた、日本の外来種の中でもとくに生態系や人間活動への影響が大きい生物のリストです。この中には、まだ日本に定着していないものもふくまれています。

種名 / 学名	原産地	侵入地	導入の目的	被害など	法的なあつかいなど
チャバネゴキブリ Blattella germanica	アフリカ	ほぼ日本全土：ほぼ全世界	船などにまぎれて	人間の食べ物を食べることで、食中毒などを広げる。	森にいて樹液などにくるものはモリチャバネゴキブリで、在来種。
イエシロアリ	→世界の侵略的外来種ワースト100				
オンシツコナジラミ Trialeurodes vaporariorum	中央・南アメリカ	日本全土：ほぼ世界中	不明	いろいろな植物から汁を吸って、野菜や果物などの価値を落とす。さらにウイルスを植物にうつしたり、甘い汁につく病原菌をよび寄せたりして、植物を病気にさせる。	検疫有害動物。
タバコココナジラミ （シルバーリーフコナジラミ） Bemisia argentifolii	→世界の侵略的外来種ワースト100				
ミカンキイロアザミウマ Frankliniella occidentalis	北アメリカ西部	日本本土：ほぼ全世界	不明	農作物の汁を吸い、病気をうつす。	検疫有害動物。
ミナミキイロアザミウマ Thrips palmi	東南アジア	福島県以南、ほぼ全世界	苗にまぎれて	農作物の汁を吸い、病気をうつす。	検疫有害動物。
ヤノネカイガラムシ Unaspis yanonensis	中国	関東地方南部以南：朝鮮半島、東南アジア、アジア南部〜西部、ヨーロッパ、オーストラリアなど	不明	ミカン類の汁を吸う。木が枯れることもある。	天敵を入れることによって、ほぼ害がないくらいまで、減少している。検疫有害動物。
カンシャコバネナガカメムシ Caverelius saccharivorus	台湾	宮古列島、沖縄諸島〜トカラ列島、九州南部	サトウキビの苗にまぎれて	サトウキビの汁を吸って、病変部をつくる。ほかの単子葉植物にも被害がある。	植物防疫法有害動物。
アルゼンチンアリ	→世界の侵略的外来種ワースト100				
セイヨウオオマルハナバチ Bombus terrestris	ヨーロッパ	とくに北海道：オーストラリア、北アメリカ、パレスチナ	野菜などを受粉させるために使われていた	各地で逸脱したが、とくに北海道では在来のマルハナバチと競合する。巣をのっとることもあり、在来のマルハナバチは減少する。	特定外来生物。㊕。
インゲンテントウ Epilachna varivestis	中央アメリカ	山梨県、長野県：北アメリカ	不明	マメ科の野菜やマメ在来種の葉を食べる。暑さに弱いため、侵入してからの広がりは弱い。	検疫有害動物。
アリモドキゾウムシ Cylas formicarius	インド、東南アジア	沖縄諸島〜トカラ列島、九州南部：全世界の熱帯域	ヒルガオ科の植物の意図的な、もしくは非意図的な移送	とくにサツマイモの害虫。害にあったサツマイモは、イモの部分を幼虫に食べられて、くさくなり、加工用としても商品価値を失う。	発生したところのサツマイモなどのヒルガオ科の植物は持ち出し禁止になっている。したがって、沖縄から本土へのサツマイモの持ち出しはできない。植物防疫特殊害虫。
イネミズゾウムシ Lissorhoptrus oryzophilus	北アメリカ南東部	日本：朝鮮半島、中国、台湾	牧草にまぎれて	幼虫はイネの根を、成虫は葉を食べて被害を出す。めすだけでふえる。	指定有害動物。
カンショオサゾウムシ Rhabdoscelus obscurus	ニューギニア島	小笠原諸島、大東諸島：ハワイ諸島などの太平洋の島嶼、オーストラリア、スラウェシ島	ヤシ類にまぎれて	サトウキビやヤシ類の葉を食いあらす。	検疫有害動物。㊕。
アルファルファタコゾウムシ Hypera postica	ヨーロッパ	福島県以南、北海道：北アメリカ、アジア、アフリカなど	物資にまぎれて	ゲンゲ（レンゲソウ）などを食害して、養蜂に被害が出ている。またほかの豆類を食害する。	寄生蜂を導入して根絶する試みがある。検疫有害動物。
イモゾウムシ Euscepes postfasciatus	西インド諸島	奄美大島以南の南西諸島、小笠原諸島：南アメリカ、太平洋の島嶼	物資にまぎれたか、サツマイモについて持ちこまれた可能性	アメリカ軍の物資にまぎれて、または持ちこんだサツマイモについてきたと考えられている。	侵入したところの生のいもや葉、茎の移動は禁止されている。検疫有害動物
ヒロヘリアオイラガ Parasa lepida	アジア南部、東南アジア〜中国	関東地方南部以南	樹木にまぎれて	市街地でよく見るイラガ科のガ。幼虫はいろいろな木の葉を食べあらす。とげには毒がある。	検疫有害動物。
アメリカシロヒトリ Hyphantria cunea	北アメリカ	ほぼ日本全土：ヨーロッパ、中国、韓国など	アメリカ軍の物資にまぎれて	集団でくらしてサクラなどいろいろな樹木の葉を食べるので、木を弱らせてしまう。しかし最近は減少している。	特定外来生物。
ネッタイシマカ Aedes aegypti	南〜東南アジア	以前、天草諸島や小笠原諸島、沖縄県などで発生していたが、現在国内では未定着：全世界の熱帯域	古タイヤなどにまぎれて	人にデング熱、黄熱病、チクングニア熱をうつす。	国内未定着。ヒトスジシマカと競合して、負けているため、定着ができない。
ウリミバエ Bactrocera cucurbitae	東南アジア	奄美大島以南の南西諸島；ハワイ諸島、ニューギニア島、アフリカ、インド洋の島嶼	不明	幼虫はスイカ、メロン、ニガウリ（ゴーヤ）などを食べて商品価値をなくし、さらに増殖スピードがはやく広がりやすいので、被害が拡大した。ところが不妊虫を放して駆除をした結果、ほぼ撲滅できている。	検疫有害動物。
トマトハモグリバエ Liriomyza sativae	北アメリカ南部〜南アメリカ	関東地方以西：中国、タイ、インド、アフリカ、太平洋の島嶼など	不明	幼虫はトマト、ナスなどの葉の中にもぐり、葉を弱らせる。	検疫有害動物。
マメハモグリバエ Liriomyza trifolii	北アメリカ南東部	本州以南：ほぼ全世界	苗にまぎれて	幼虫はダイズやトマトなど、いろいろな農作物の葉の中にもぐり、葉を弱らせる。	検疫有害動物。
アメリカザリガニ Procambarus clarkii	北アメリカ南部	沖縄をふくむ日本全土：中国、東南アジア、アジア西部、アフリカ、メキシコ、中央アメリカ、西インド諸島、南アメリカ	ウシガエルのえさとして	淡水の小動物などをつかまえて食べる。また、イネや水草を食いあらす。	外国では食材として使われている。㊕。
ウチダザリガニ Pacifastacus leniusculus	北アメリカ	北海道、千葉県、長野県、福井県、滋賀県：ヨーロッパ	食用として	同じ冷温水を好むニホンザリガニと競合し、体が大きいので駆逐する可能性がある。	海外では食用にしている。大きな害が出ているところは、ほとんどない。特定外来生物。
セアカゴケグモ Latrodectus hasselti	オーストラリア	本州、四国、九州、沖縄島：ヨーロッパ、北アメリカ、東南アジア、ニュージーランドなど	木材にまぎれて	神経毒があり、めすにかまれるとはれる。ただし性格はおとなしく、クモの方からおそってくることはない。	日本で越冬してふえている。特定外来生物。㊕。
チチュウカイミドリガニ Carcinus aestuarii	地中海沿岸	東京湾〜伊勢湾、大阪湾、徳島県、高知県、福岡県	バラスト水にまぎれて	同じ属のヨーロッパミドリガニは北アメリカに侵入し、二枚貝を食いあらしている。また、ほかのカニと競合している。	日本で害が出たという報告はない。㊕。
トマトサビダニ Aculops lycopersici	オーストラリアがタイプ産地	関東地方、中部地方、沖縄諸島：ほぼ全世界	苗にまぎれて？	葉のうらにつき、葉を枯れさせてしまう。	1962年に沖縄に侵入。検疫有害動物。

メモ　ジャワマングースとフィリマングースは、以前は同種と考えられていましたが、研究の結果、今は別種とされています。

種名／学名	原産地	侵入地	導入の目的	被害など	法的なあつかいなど
カワヒバリガイ *Limnoperna fortunei*	中国、東南アジア	関東地方、中部地方、近畿地方；朝鮮半島、台湾、タイ北部など	取水口などにまぎれて	取水口などにびっしりとはりつき、つまらせる。また寄生虫の中間宿主になっている。	特定外来生物。⊕。
ムラサキイガイ	➡世界の侵略的外来種ワースト100				
コウロエンカワヒバリガイ *Xenostrobus securis*	オーストラリア、ニュージーランド	関東地方以西；アドリア海	バラスト水などにまぎれて	カワヒバリガイと同じように集団ではりつく。以前は同じ種と思われていた。運河などにはりついているのが見られるが、実害の報告はまだない。	⊕。
シナハマグリ *Meretrix petechialis*	中国、朝鮮半島	定着はしていない	潮干がりのため	日本産のハマグリもシナハマグリも、「ハマグリ」として売られている。日本で肥育しているのもある。ハマグリやチョウセンハマグリと交雑する危険性があげられている。	日本には定着していない。また交雑なら、ほかの産地のハマグリをちがう場所に放流していることもあり、そちらの方が問題。⊕。
アフリカマイマイ	➡世界の侵略的外来種ワースト100				
サカマキガイ *Physa acuta*	北アメリカ、ヨーロッパ。ヨーロッパは移入の可能性が高い	日本全土；ほぼ全世界	水草などについて	繁殖力が強く、すぐふえる。モノアラガイのように、ヘイケボタルの幼虫が食べる。モノアラガイと競合しているところもあるが、モノアラガイがへったのは水質悪化の面がある。	以前より環境指標生物になっており、この種がいる水は水質が悪い。
スクミリンゴガイ	➡世界の侵略的外来種ワースト100				
チャコウラナメクジ *Lehmannia valentiana*	ヨーロッパ	本州、四国、九州；中国	アメリカ軍の物資にまぎれて	在来のナメクジと競合し、それにとってかわっている。ナメクジと同じように農業への被害がある。	検疫有害動物。
ヤマヒタチオビ	➡世界の侵略的外来種ワースト100				
カサネカンザシ *Hydroides elegans*	インド洋～オセアニア？	宮城県、千葉県～愛知県、大阪府、中国地方、先島諸島；ほぼ全世界	バラスト水にまぎれて	成長がはやく、二枚貝の養殖場では、貝が成長する前に成長し、殻をくっつけることにより呼吸できなくして殺してしまう。	⊕。
キショウブ *Iris pseudacorus*	ヨーロッパ～西アジア、アフリカ北西部	日本全土；アメリカ大陸、ニュージーランド、オーストラリア	観賞用として	湿ったところに生える。根をはるため、根絶はむずかしい。ほかのアヤメ類などの在来種と競合するおそれがある。またほかのアヤメ類と交雑する危険があるといわれている。	⊕。
カモガヤ *Dactylis glomerata*	ユーラシア大陸、北アフリカ	日本全土；アメリカ大陸、南アフリカ、オーストラリア、ニュージーランド	牧草用としてヨーロッパから	亜高山帯まで侵入しているところがあり、在来の植物との競合の危険性がある。	海外では負の面よりも、草食動物のえさになるなどのプラスの面が評価されている。⊕。
オニウシノケグサ *Festuca arundinacea*	中央アジア～ヨーロッパ、インド、北アフリカ	北海道～九州；東アジア、アフリカ、アメリカ大陸、オーストラリア、ニュージーランド	砂防、道路の法面固化のため	日当たりのいい河川敷や荒れ地に生える。亜高山帯にも侵入する。ほかの植物が育つのをふせぐ物質を出し、在来種と競合する。花粉は花粉症の原因となる。	⊕。
シナダレスズメガヤ *Eragrostis curvula*	南アフリカ	ほぼ日本全土；ほぼ世界中	砂防や法面緑化のため	根が深くよくはるため、川の浸食防止などにつかわれるが、いろいろな環境に生えることができるため、広がりやすい。ほかの在来種と競合する。	⊕。
ボタンウキクサ *Pistia stratiotes*	南アメリカ	本州（新潟県・関東地方以西）、四国、九州、南西諸島、小笠原諸島；ほぼ全世界	観賞用	池、川などの水面に浮く。非常にはやくふえるので水面をおおってしまい、日光をさえぎるので、在来の水草などを枯らしてしまう。それにより水質が悪くなる。また水路をふさぐこともある。	特定外来生物。⊕。
オオカナダモ *Egeria densa*	アルゼンチン、ブラジル、ウルグアイ	本州、四国、九州；アジア、北・中央アメリカ、ヨーロッパ、オーストラリア、ニュージーランドなど	観賞用、実験材料として	池や湖、川などに生える水草。在来種のクロモなどと競合し、ほかの植物が育つのをさまたげる物質を出すため、在来種を追いやってしまう。また水の流れが悪くなる。	⊕。移入規制種。
コカナダモ *Elodea nuttallii*	北アメリカ	北海道、関東地方以西；東アジア、ヨーロッパ	不明	池や湖、川などに生える水草。在来種のクロモなどと競合し、ほかの植物が育つのをさまたげる物質を出すため、在来種を追いやってしまう。また水の流れが悪くなる。	⊕。
ホテイアオイ	➡世界の侵略的外来種ワースト100				
オオブタクサ *Ambrosia trifida*	北アメリカ	日本全土；東アジア、西アジア、ヨーロッパ	物資にまぎれて	荒れ地や河川敷だけでなく、農地にも生え、農作物の空間と栄養を競合する。春はやく出現し、背が高くなるので在来種と競合し、追いやってしまう。とくにサクラソウと競合する。その花粉は花粉症の原因になる。	⊕。
タチアワユキセンダングサ *Bidens pilosa var. radiata*	熱帯アメリカ	鹿児島県、高知県、南西諸島、小笠原諸島；ほぼ世界中	観賞用として	最後はつるのようにまく。まかれたサトウキビは成長が悪くなり、砂糖の収穫がへる。また収穫のじゃまになる。	⊕。
オオアレチノギク *Conyza sumatrensis*	南アメリカ	本州、四国、九州；中国、中央アジア、東南アジア、アフリカ、ヨーロッパ、オーストラリア、ニュージーランド、ニューギニア島など	不明	荒れ地や畑のあぜなどにふつうに見られる。ほかの植物が育つのをさまたげる物質を出す。	
オオキンケイギク *Coreopsis lanceolata*	北アメリカ	北海道～九州；朝鮮半島、中国、台湾、オーストラリア、ニュージーランド、サウジアラビア、南アメリカ	観賞用	道ばた、河川敷などの荒れ地に生える。もともと園芸種として品種改良までされていた。緑化にもつかわれていた。在来種を駆逐する。	特定外来生物。⊕。
ヒメジョオン *Erigeron annuus*	北アメリカ	北海道～九州；ヨーロッパ、アジア東部	観賞用	道ばた、荒れ地、牧草地などでよく見かける。高原の草原にも侵入し、在来植物と競合している。ほかの植物の成長をさまたげる物質を出す。	⊕。
ハルジオン *Erigeron philadelphicus*	北アメリカ	北海道～九州；ヨーロッパ、アジア東部	観賞用	道ばた、荒れ地、牧草地などに生え、よく見かける。春から夏にかけて花がさき、いろいろな昆虫が訪れる。ほかの植物の成長をさまたげる物質を出すため、ほかの植物が育たなくなり、この種が多くなる。また除草剤にたえるものも出てきている。	
セイタカアワダチソウ *Solidago canadensis*	北アメリカ	ほぼ日本全土；ほぼ世界中	観賞用として	1940年代に爆発的にふえ、本土全域に広まった。よく根をはり、モグラやネズミがつくった肥えた土地によく生え、茂り、ほかの植物が育つのをさまたげる物質を出すことから、ススキなどと競合していた。しかし、今、肥えた土地がへったことと、自分が出す植物が育つのをさまたげる物質で、自分たちも育たなくなった。現在はへる傾向にある。花粉症の原因といわれていたが、実際には花粉症の原因ではない。	⊕。
オオアワダチソウ *Solidago gigantea*	北アメリカ	日本全土；ヨーロッパ	園芸種として	荒れ地や河川敷に生える。背が高くなり、在来種と競合する。	⊕。
オオオナモミ *Xanthium occidentale*	北アメリカ	日本全土；南アメリカ、ヨーロッパ、アジア、オーストラリアなど	何らかの物資にまぎれて	畑、牧草地、荒れ地に生える。いわゆる「ひっつきむし」。ほかの植物が育ちにくくする物質を出す。とくに農作物と競合し、これが生えると収穫がへる。また、同じ属のオナモミと競合する。たねは羊毛にくっつき、品質を落とす。家畜にくっつき、不快感をあたえる。若い草には毒があり、食べた家畜が吐き気などをおこす。さらに、農作物の病原体を媒介する。	オナモミも外来種といわれている。原産地はアジア。なお、海外ではXanthium strumarium（オナモミ）が侵略的生物となっているが、原産地が中央・南アメリカとなっている。

メモ 日本に在来の生き物でも、生息地からほかの地域に持ちこむと、外来種になります。

種名／学名	原産地	侵入地	導入の目的	被害など	法的なあつかいなど
ネバリノギク Aster novae-angliae	北アメリカ北東部	北海道〜九州；ヨーロッパ	観賞用として	園芸用に導入されたが、人気が出なかった。広まるスピードがはやく、とくに北海道などでは大群落をつくっている。在来種と競合する危険がある。	ヨーロッパではさほど問題になっていない。⊕。
外来種タンポポ種群 Taraxacum spp.	ユーラシア大陸（セイヨウタンポポはギリシャもしくはヒマラヤ山麓）	日本全土；（セイヨウタンポポ）アジア、アフリカ	物資にまぎれて	日本に侵入しているのは、おもにセイヨウタンポポとアカミミタンポポ。在来のタンポポとの競合や交雑の危険がいわれている。	在来タンポポが生えるところにセイヨウタンポポはさほど侵入しておらず、セイヨウタンポポはおもに市街地などの土を掘りかえしたところに生えやすい（そのような場所には在来タンポポは生えない）。またセイヨウタンポポと在来タンポポは基本的に非常に雑種ができにくく、できてもそれが在来タンポポとさらなる雑種をつくることはかなり少ない。⊕。
イチビ Abutilon theophrasti	南アジア、中国	日本全土；北アメリカ、アジア、ヨーロッパ、アフリカ北部	繊維として、またはダイズや飼料作物にまぎれて	日当たりのいい畑のあぜなどに生えるので、農作物などと競合する。ほかの植物が育ちにくくなる物質を出す。まちがえてウシが食べると、牛乳にくさいにおいがうつる。	⊕。
ハルザキヤマガラシ Barbarea vulgaris	ヨーロッパ	北海道〜九州；北アメリカ、オーストラリア、北アフリカ、アジア	ムギにまぎれて	道ばたや荒れ地、湿ったところなどに生える。ほかの在来植物と競合する可能性がある。	⊕。
オオフサモ Myriophyllum aquaticum	ブラジル、ウルグアイ、パラグアイ	ほぼ日本全土；中国、東南アジア、アフリカ、北・中央アメリカ、ヨーロッパ、オーストラリア、ニュージーランド	観賞用として、日本にはドイツから移入	水質を浄化することなどから、池やビオトープなどに植えられた。切れた葉などでふえるため、よくしげって水流をさまたげ、船の走行のじゃまをし、漁業をしにくくし、カをふやすなどの悪い影響がある。また在来種を追いやってしまう。	特定外来生物。⊕。
アレチウリ Sicyos angulatus	北アメリカ	日本全土；東アジア、トルコ、ヨーロッパ、西インド諸島	輸入ダイズなどにまぎれて	河川敷や荒れ地、畑のヘりに生える。つる性で、ほかの植物をおおう。農作物や在来種と競合する。また農作物の病原体やミバエなどの寄生虫も媒介する。	1952年に清水港で発見される。特定外来生物。植物防疫法指定生物。⊕。
アカギ Bischofia javanica	沖縄島以南、中国〜東南アジアなど	小笠原諸島	まきの材料として	台風のあとなど、生態系がみだされたあとに真っ先に生え、しかも成長がはやく、高くなることから、在来の樹木におきかわってしまう。	沖縄島では天然記念物の木もある。
イタチハギ Amorpha fruticosa	北アメリカ	日本全土；東アジア、ヨーロッパ	砂防、緑化、観賞用などとして朝鮮半島から移入	ほかの植物などと競合し、丈が5mになるので、競合する在来種をおおってしまい枯れさせる。霧ケ峰や白山などでは、亜高山帯に侵入している。	
ハリエンジュ Robinia pseudoacacia	北アメリカ	ほぼ日本全土；ほぼ世界中	街路樹、砂防用、木材用として	種名 pseudoacacia（pseudo＝似た、acasia＝アカシア）から、「ニセアカシア」ともよばれる。海岸付近や砂地、湿地でもよく育ち、成長もはやい。そのためアカマツやヤナギ類と競合して、林のようすがかわったところがある。その一方で、ミツバチの重要な蜜源になっている。	⊕。
イチイヅタ	→世界の侵略的外来種ワースト100				
アライグマ回虫 Baylisascaris procyoni	北アメリカ	動物園で記録がある；南アメリカ、ヨーロッパ	寄生していたペット用のアライグマの導入による	人の体内に入ると脳に入り、急性の障害をおこして死ぬこともある。ほかのペットもこの回虫をもっていることがある。日本ではウサギから見つかっている。	
エキノコックス Echinococcus spp.	オセアニアをのぞく全世界、日本では北海道	東北地方、愛知県	イヌ、キツネに寄生して	キツネなどのイヌ科の動物に寄生しており、寄生された動物のふんやおしっこがまざった水を飲むことなどで感染する。肝臓、肺などに寄生し、脳などにも寄生することがある。	感染症法4類感染症。
ジャガイモシスト線虫 Globodera rostochiensis	アンデス山脈	北海道、長崎県；フィリピン、アジア南部〜西部、アフリカ、ヨーロッパ、北アメリカ、オーストラリア	ジャガイモにまぎれて	ジャガイモを枯らす。めすは産卵しないまま体に卵をもったまま死ぬ。そのあとかたい殻（シスト）につつまれ、数年以上耐えられる。シストには農薬がきかないので、絶やすのに何十年もかかる。	植物防疫法有害生物。
ネコ免疫不全ウイルス Feline immunodeficiency virus	不明。発見は北アメリカ	日本全土；ほぼ世界中	感染したネコにまぎれて	けんかなどでけがをしたり、ふんやおしっこから感染する。交尾で感染した報告はない。人のエイズと同じような症状があらわれ、「ネコエイズ」ともいわれる。感染率は高いが発症しないことも多い。ピューマなども保有していることがあるが、発症しない。イリオモテヤマネコやツシマヤマネコに感染する危険性がある。ただし、発症はネコ属だけにかぎられており、この2種はネコ属ではない。	
マツノザイ線虫 Bursaphelenchus xylophilus	北アメリカ	本州以南；東アジア、ヨーロッパ	不明	松食虫。松枯れの原因。これにかかったマツは、やがて枯れてしまう。その際、マツの材を食べるマツノマダラカミキリにとりついて、ほかの木にうつる。	アメリカでは松枯れを起こしていない。⊕。
ミツバチヘギイタダニ Varroa jacobsoni	日本、東アジア、ロシア南東部	日本全土；ほぼ世界中	不明	ニホンミツバチには影響が少ないが、セイヨウミツバチにはかなりの影響がある。とりつかれた幼虫は死んでしまい、とりつかれたさなぎから羽化した成虫は、はねがよじれて活動が鈍い。養蜂にはひじょうに困ったダニ。	届出伝染病。

 メモ ハリエンジュを特定外来生物に指定する動きがありましたが、はちみつをつくるときの蜜源になるので、見送られました。

日本に定着している特定外来生物

種名／学名	原産地	日本の侵入地	導入の目的	被害など
ハリネズミ Erinaceidae spp.	ヨーロッパ～中国	静岡県、神奈川県、栃木県	ペットとして	鳥類の卵・ひな、または昆虫類などを捕食する。国内には数種のハリネズミが流通。ヨーロッパ原産、アジア原産のハリネズミは、日本の冬でも越せる。(土)
タイワンザル	⇒日本の侵略的外来種ワースト100			
カニクイザル	⇒世界の侵略的外来種ワースト100			
アカゲザル Macaca mulatta	アフガニスタン以東の温帯～熱帯のアジア大陸、海南島	房総半島南部	動物園用や実験動物として	可能性として、ニホンザルとの競合、交雑、寄生虫や病原菌の伝播、農作物への被害などが起こりうる。(土)
ヌートリア	⇒世界の侵略的外来種ワースト100　⇒日本の侵略的外来種ワースト100			
クリハラリス Callosciurus erythraeus	台湾、中国南部、東南アジア大陸部～インド北東部	関東地方南部、静岡県、岐阜県、兵庫県、大阪府、和歌山県、大分県、熊本県、長崎県；アルゼンチン、西ヨーロッパ	動物園からの逃亡など	木の皮をはぐことにより、木が枯れる。またツバキの実を食べたり、果樹園の果樹を食べたりする被害がある。(土)
キタリス Sciurus vulgaris	ユーラシア大陸北部	埼玉県で見つかっている	ペットとして	エゾリスと同種。エゾリス交雑との危険性がある。(土)
タイワンジカ（ニホンジカ台湾亜種） Cervus nippon taiouanus	亜種として、台湾	和歌山県 友ヶ島	動物園用の動物として	在来のニホンジカと種間、または亜種間交雑する。シカ亜科すべてが特定外来生物。(土)
キョン Muntiacus reevesi	中国南部、台湾	房総半島（千葉県）、伊豆大島	動物園から逃亡	在来植物の食害による植生の破壊と、農作物への被害。(土)
マスクラット Ondatra zibethicus	北アメリカ	関東地方；ヨーロッパなど	毛皮	ハスなどの農作物や水生植物を食いあらす可能性。(土)
アライグマ	⇒日本の侵略的外来種ワースト100			
アメリカミンク Neovison vison	北アメリカ	北海道、宮城県、福島県、群馬県、長野県	毛皮用として　在来の小動物や魚類を捕食する。	ニワトリを食害する。(土)
フイリマングース	⇒世界の侵略的外来種ワースト100			
ジャワマングース	⇒日本の侵略的外来種ワースト100			
ガビチョウ	⇒日本の侵略的外来種ワースト100			
カオグロガビチョウ Garrulax perspicillatus	中国中南部、ベトナム	岩手県、群馬県、埼玉県、東京都、神奈川県	おそらくペット用に輸入された飼い鳥の逃亡、放鳥	在来鳥類との競合、農業被害が懸念される。(土)
カオジロガビチョウ Garrulax sannio	中国、東南アジア	北関東～千葉県	ペット用に輸入されたものの逃亡、放鳥	在来鳥類との競合、駆逐の危険性がある。(土)
ソウシチョウ	⇒日本の侵略的外来種ワースト100			
カミツキガメ	⇒日本の侵略的外来種ワースト100			
グリーンアノール	⇒日本の侵略的外来種ワースト100			
タイワンハブ Protobothrops mucrosquamatus	中国大陸南部、海南島、台湾	沖縄（名護市、恩納村）	ヘビを用いたショーおよび薬用として	在来種の捕食、在来ハブとの競合、交雑。(土)
スジオスメラ Elaphe taeniura	⇒日本の侵略的外来種ワースト100			
シロアゴガエル	⇒日本の侵略的外来種ワースト100			
オオヒキガエル	⇒世界の侵略的外来種ワースト100　⇒日本の侵略的外来種ワースト100			
ガー Lepisosteidae spp	北アメリカ～中央アメリカ、キューバ	東京都、滋賀県、愛知県	観賞用の魚を放流	在来種の捕食。現地ではブラックバスより高位の捕食者。(土)
カダヤシ	⇒世界の侵略的外来種ワースト100　⇒日本の侵略的外来種ワースト100			
ブルーギル	⇒日本の侵略的外来種ワースト100			
コクチバス	⇒日本の侵略的外来種ワースト100			
オオクチバス	⇒世界の侵略的外来種ワースト100　⇒日本の侵略的外来種ワースト100			
チャネルキャットフィッシュ Ictalurus punctatus	ロッキー山脈以東のカナダ南部、アメリカ合州国、メキシコ	霞ヶ浦、北浦、利根川水系（茨城県、栃木県、埼玉県、千葉県、東京都）、琵琶湖（滋賀県）、島根県、福島県、岐阜県、愛知県、群馬県	養殖用、観賞用として	霞ヶ浦では、魚類やエビ類を多数捕食している。(土)
アカボシゴマダラ Hestina assimilis	ベトナム北部～大陸中国南部～東部～朝鮮半島、および済州島。奄美群島に在来の亜種が分布。	東北地方南部～近畿地方	飼育個体が放されたもの	在来チョウ類との競合が考えられる。(土)
アルゼンチンアリ	⇒世界の侵略的外来種ワースト100　⇒日本の侵略的外来種ワースト100			
アカカミアリ Solenopsis geminata	アメリカ合州国南部から中央・南アメリカ	硫黄島（小笠原諸島）、沖縄島、伊江島（沖縄諸島）	おそらくアメリカ軍の物資輸送にまぎれて	在来種の捕食や、競合の危険性がある。人・各地への刺咬被害やカイガラムシ保護による農業被害が考えられる。(土)
ツマアカスズメバチ Vespa velutina	インドネシア、パキスタン、アフガニスタン、インド、ブータン、中国、台湾、ミャンマー、タイ、ラオス、ベトナム、マレーシア	対馬、九州	不明、おそらく物資にまぎれて	ミツバチをおそったり、ほかのスズメバチと競合したりする。(土)
セイヨウオオマルハナバチ	⇒日本の侵略的外来種ワースト100			
ニューギニアヤリガタリクウズムシ	⇒世界の侵略的外来種ワースト100			
ハイイロゴケグモ Latrodectus geometricus	オーストラリア、中央・南アメリカ、太平洋諸嶼	東京都、神奈川県、愛知県、京都府、大阪府、兵庫県、岡山県、山口県、福岡県、宮崎県、鹿児島県、沖縄県で発見記録あり。	建築資材などにまぎれて	咬傷被害のおそれがある。(土)

メモ 特定外来生物のなかには、まだ日本に侵入してきていないもの、定着していないものも多くふくまれています。

人間の活動により、ほかの地域から持ちこまれた生物を「外来生物」といいます。そのなかで、生態系や農林水産業、人の生活に悪影響があると予想されたものは、「特定外来生物被害防止法」により「特定外来生物」に指定されます。特定外来生物に指定されると、飼育・栽培や生きたままの運搬、保管が禁止されます。ここでは、日本に定着しているものだけをとり上げました。

種名／学名	原産地	日本の侵入地	導入の目的	被害など
セアカゴケグモ	➡日本の侵略的外来種ワースト100			
クロゴケグモ Latrodectus mactans	北アメリカ	山口県	おそらくアメリカ軍の物資にまぎれて	山口県の岩国基地で発生。そこから広がりつつある。咬傷被害のおそれがある。
ウチダザリガニ	➡日本の侵略的外来種ワースト100			
カワヒバリガイ	➡日本の侵略的外来種ワースト100			
ヤマヒタチオビ	➡世界の侵略的外来種ワースト100	➡日本の侵略的外来種ワースト100		
アゾラ・クリスタータ Azolla cristata	アジア、アフリカ、南北アメリカ	本州以南	アイガモ農法にともないアイガモの飼料として導入	水面をおおうことで、水中の植物が枯れる、それにともない富栄養化が進む。また、近縁種と競合する。
ボタンウキクサ	➡日本の侵略的外来種ワースト100			
オオキンケイギク	➡日本の侵略的外来種ワースト100			
ミズヒマワリ Gymnocoronis spilanthoides	中央・南アメリカ	関東地方以南の本州、四国、九州	アクアリウムなど観賞用に意図的に導入	在来水生植物と競合する。また水路の水流をじゃまする。
オオハンゴンソウ Rudbeckia laciniata	北アメリカ	日本全土	観賞用として導入	在来の草本・低木と競合する。
ナルトサワギク Senecio madagascariensis	東アフリカ	本州、四国、九州	おそらく緑化資材の種子に混入	在来種と競合し、生育をさまたげる物質を出して、牧草が育つのをさまたげる。またアルカロイド毒があるので、草食動物・家畜が中毒にかかる。
オオカワヂシャ Veronica anagallis-aquatica	ヨーロッパ〜アジア北部	本州、四国、九州	不明	在来種との競合、交雑などが考えられる。
オオフサモ	➡日本の侵略的外来種ワースト100			
アレチウリ	➡日本の侵略的外来種ワースト100			
ブラジルチドメグサ Hydrocotyle ranunculoides	南アメリカ	岡山県、大分県、福岡県、熊本県	アクアリウムなど観賞用に意図的に導入	大繁茂し、在来種の生育をさまたげる。
ナガエツルノゲイトウ Alternanthera philoxeroides	南アメリカ	関東地方以南	アクアリウムなど観賞用に意図的に導入	在来植物との競合、船の運航のじゃまなど。

ミツバチをおそうツマアカスズメバチ

アカボシゴマダラ

タイリクバラタナゴ

アリゲーターガー

メモ 被害が大きい特定外来生物でも、たとえばグリーンアノールなどのように、鳥にとっては貴重な食べ物になっていることもあります。

特定外来生物ってなに？

今まで「特定外来生物」ということばが何度も出てきました。この特定外来生物というのは、外来生物のうちで、生態系（そこにすむ生き物たちがつくる、自然のしくみ）や人の命や体・農作物への害をおよぼす可能性のある生き物のことです。「外来生物法」という法律で決められています。

生態系への害

フイリマングース

ホテイアオイ

人への害

カミツキガメ

セアカゴケグモ

農作物への害

アメリカミンク

アライグマ

生態系への害って？

生態系への害は、在来の生き物を食べてしまうという害のほかにも、いろいろあります。

ウシガエルは水田などの里山にすむことができます。ウシガエルは、ほかのアカガエルやトノサマガエルとすみかをあらそうことになり、力が強いウシガエルが勝ってしまいます。またタイワンザルが放されると、ニホンザルと雑種をつくってしまい、純粋なニホンザルがいなくなるだけでなく、新しい性質をもったサルができるので、その雑種の食べ物の好みや習性などで、自然がかわっていく可能性があります。

ウシガエル

タイワンザル

「特定外来生物」になったら…

特定外来生物は、自然や人間、農作物に害をおよぼすことが考えられる、外来の生き物です。だから、次のことが禁止されています。

「特定外来生物」になったら…

あらたにその生き物を海外から国内にもってくることは、またその生き物をふやすことにつながることもあるので、禁止されています。ただし、研究目的など、許可を得ている場合は輸入できます。

野外に放つことや植えること、種をまくことが禁止

家に持って帰った生き物が特定外来生物だったとき、それを野外に放すことは、禁止されています。植物の場合、植えたり、種をまくことも禁止されています。

特定外来生物をつかまえたら…

そのまま逃がしてもかまいません。ほ乳類や鳥などをのぞき、そのまま殺すことが認められています。殺したものを家に持って帰ることはできます。

飼育や栽培、保管そして運ぶことが禁止

特定外来生物のウシガエルなどをあらたに飼うことはできません。またホテイアオイなどを自分の池に入れることもできません。ブルーギルなどを釣った場合、生きたまま家に持ち帰ることも禁止されています。その場で殺してから持って帰ることは大丈夫です。

ほかの人にゆずること、販売することの禁止

特定外来生物を、飼育許可がない人にゆずったり売ったりしてはいけません。たとえば、アリゲーターガーは特定外来生物に指定され、その売買は禁止されました。

特定外来生物を見つけたら…

アライグマやアメリカミンク、カミツキガメなど、自治体が駆除している特定外来生物がいます。それを見つけたときには、自治体に連絡しましょう。

さくいん

この本に出てくる生き物の和名（和名がない場合は、学名だけ）と用語を、
最初は学名だけの生き物、そのあとはアイウエオ順に出ています。
ページは、解説がのっているページを太字で示しています。

A-Z

Anopheles quadrimaculatus	**131**
Cercopagia pengoi	**131**
Cinara cupressi	**131**
Ligustrum robustum	**133**
Mikania micrantha	**133**
Mimosa pigra	**133**
Mnemiopsis leidyi	**132**
Myrica faya	**133**
Prosopis glandulosa	**133**
Spartina anglica	**132**
Tamarix ramosissima	**133**

ア

アオウオ	**36**
アカカミアリ	**71**, 138
アカギ	**137**
アカギツネ	**117**, 130
アカキナノキ	**124**, 132
アカゲザル	**85**, 138
アカシカ	**130**
アカボシゴマダラ	**63**, 138, 139
アカミミガメ	**58**, **130**, 6, 43, 45, 134
アゲハ	**111**
アシナガキアリ	**73**, 131
アゾラ・クリスタータ	**98**, 139
アナウサギ	**52**, **130**, 134
アファノマイセス菌	**133**
アフリカマイマイ	**18**, **131**, 136
アマミノクロウサギ	2, 15, 47
アメリカクサノボタン	**124**, 132
アメリカザリガニ	**40**, 135
アメリカシロヒトリ	**74**, **135**, 4
アメリカハマグルマ	**127**, 133
アメリカミンク	**49**, **138**, 44
アライグマ	**48**, **134**, 42, 44, 138
アライグマ回虫	**137**
アリゲーターガー	**60**, **138**, 139
アリモドキゾウムシ	**135**
アルゼンチンアリ	**72**, **73**, **131**, 135, 138
アルファルファタコゾウムシ	**135**
アレチウリ	**104**, **137**, 95, 139

イ

イエシロアリ	**73**, **131**, 135
イエネコ（ノネコ）	**130**, 134
イセリヤカイガラムシ	20
イタチハギ	**102**, 137
イタドリ	**114**, 132
イチイヅタ	**122**, **132**, 123, 137
イチビ	**137**
イヌ	43, 47, 117
イネミズゾウムシ	**135**
イノシシ	**51**, **130**, 134

イノブタ	**130**, 51, 134
イボイモリ	15
イモカタバミ	103
イモゾウムシ	**135**
インゲンテントウ	**135**
インドハッカ	**130**

ウ

ウォーキングキャットフィッシュ	**37**, 130
ウシガエル	**38.39**, **130**, 3, 31, 40, 134
ウチダザリガニ	**41**, **135**, 139
ウリミバエ	**76**, **77**, 135

エ

エキノコックス	**137**
エキビョウ菌	**133**
エゾミソハギ	**132**

オ

オオアレチノギク	**136**
オオアワダチソウ	**136**
オオイヌノフグリ	91
オオオナモミ	**136**
オオカナダモ	**136**
オオカワヂシャ	**139**
オオキンケイギク	**101**, **136**, 139
オオクチバス	**26**, **27**, **130**, 3, 29, 134, 138
オオサンショウモ	**122**, 132
オオバノボタン	**132**
オオハンゴンソウ	**101**, 139
オオヒキガエル	**17**, **130**, 21, 134, 138
オオフサモ	**137**, 139
オオブタクサ	**136**
オオミズナギドリ	47
オガサワラキイロトラカミキリ	25
オガサワラシジミ	25
オガサワラゼミ	25
オガサワラトカゲ	25
オキナワキノボリトカゲ	15, 47
オコジョ	**117**, 130
オッタチカタバミ	92
オニウシノケグサ	**136**
オランダガラシ（クレソン）	106
オンシツコナジラミ	**135**

カ

ガー	**60**, 138
カイウサギ	**52**, 130, 134
外来種タンポポ種群	**137**
カエルツボカビ	**133**
カエンボク	**132**
カオグロガビチョウ	**56**, 138
カオジロガビチョウ	**56**, 138
カサネカンザシ	**81**, 136
カダヤシ	**16**, **130**, 21, 134, 138
カニクイザル	**85**, **130**, 138

ガビチョウ	**56**, **134**, 42, 138
カミツキガメ	**59**, **134**, 7, 138
カモガヤ	**136**
カモミール	103
カユプテ	**132**
カラスムギ	93
カワスズメ（モザンビークティラピア）	**35**, **131**
カワヒバリガイ	**136**, 139
カワホトトギスガイ	**131**
カンシャコバネナガカメムシ	**135**
カンショオサゾウムシ	**135**

キ

キオビクロスズメバチ	**121**, **131**
キキョウソウ	103
キジ	45, 57
キショウブ	**136**, 103
キタキツネ	44
キタリス	**138**
キバナコスモス	103
キバナシュクシャ	**132**
キバンジロウ	**132**
キヒトデ	**112**, **132**
キミノヒマラヤイチゴ	**132**
キョン	**52**, **138**
ギンネム	**128**, **132**
ギンブナ	29

ク

クシクラゲ	67
クジャクソウ	106
クズ	**113**, **132**, 108
クチベニカタマイマイ	25
グッピー	**61**
クマネズミ	**68**, **69**, 130
グリーンアノール	**22**, **23**, **134**, 138
グリーンイグアナ	**59**
クリ胴枯病菌	**133**
クリハラリス	**53**, **138**, 42
クロゴケグモ	**139**

ケ

ケナガネズミ	15, 47
ケラマジカ	87
ゲンゴロウ	29

コ

コイ	**34**, **35**, 130
コウライキジ	**57**, **134**, 45
コウロエンカワヒバリガイ	**136**
コカナダモ	**136**
コカミアリ	**121**, **131**
コキーコヤスガエル	**119**, **130**
コクチバス	**27**, **134**, 138
コスモス	103

サ

サカマキガイ	**136**
サンショウモドキ	**126**, **132**

シ

シナダレスズメガヤ	**136**
シナハマグリ	**136**
シマアカネ	25
ジャガイモシスト線虫	**137**
ジャワマングース	**134**, 138
シリアカヒヨドリ	**130**

シルバーリーフコナジラミ	**131**, 135
シロアゴガエル	**134**, 138
シロガシラ	**134**
シロツメクサ	91
シロバナタンポポ	105

ス

スクミリンゴガイ	**41**, **132**, 31, 136
スジオナメラ	**134**, 138
ススキ	**113**, 99, 107
スポッテドガー	**60**, **138**

セ

セアカゴケグモ	**79**, **135**, 7, 139
セイタカアワダチソウ	**99**, **136**, 5, 94, 95, 107
セイヨウオオマルハナバチ	**63**, **135**, 138
セイヨウカラシナ	93
セイヨウタンポポ	**105**, **137**, 90, 91, 106
セイヨウミツバチ	**62**, 99
セイロンマンリョウ	**126**, **132**
ゼニタナゴ	29
センニンサボテン	**125**, **132**

ソ

ソウギョ	**36**, **134**, 31
ソウシチョウ	**134**, 138

タ

タイリクバラタナゴ	**134**, 139
タイワンザル	**84**, **134**, 82, 138
タイワンジカ	**86**, **138**
タイワンハブ	**88**, **138**
タイワンリス（クリハラリス）	53
タカサゴユリ	103
タチアワユキセンダングサ	**136**
タヌキ	**109**, 44
タバココナジラミ	**131**, 135
タマハハキモク	**115**
タンカイザリガニ	41
ダンチク	**133**
タンポポ	105

チ

チガヤ	**127**, **133**, 116
チチュウカイミドリガニ	**80**, **135**, 67
チャコウラナメクジ	**81**, **136**
チャネルキャットフィッシュ	**37**, **138**
チャバネゴキブリ	**78**, **135**, 65
チュウゴクオオサンショウウオ	**89**
チュウゴクモクズガニ	**120**, **131**
チョウセンイタチ	**49**, **134**
チョウセンシマリス	**53**

ツ

ツマアカスズメバチ	**138**, 139
ツヤオオズアリ	**73**, **131**
ツヤハダゴマダラカミキリ	**131**
ツルニチニチソウ	103

ト

トウブハイイロリス	**130**
ドバト	**134**
ドブネズミ	**69**
トマトサビダニ	**135**
トマトハモグリバエ	**135**
トラマルハナバチ	62
鳥マラリア原虫	**133**

143

ナ

ナイルティラピア	**35**
ナイルパーチ	**120, 131**
ナガエツルノゲイトウ	**139**
ナガミヒナゲシ	**102**, 92
ナルトサワギク	**100, 139**

ニ

ニジマス	**33, 130**, 30, 134
ニセアカシア	104
ニホンイシガメ	6, 45, 88
ニホンイタチ	**134**, 44
ニホンザリガニ	41
ニホンジカ	**87, 109**
ニホンタンポポ	90
ニホンミツバチ	62
ニレ立ち枯れ病菌	**133**
ニューギニアヤリガタリクウズムシ	**19, 132**, 15, 21, 138

ヌ

ヌートリア	**54, 55, 130**, 134, 138
ヌカエビ	29
ヌマコダキガイ	**112, 131**

ネ

ネコ免疫不全ウイルス	**137**
ネッタイシマカ	**135**
ネバリノギク	**137**

ノ

ノイヌ	**47**, 43
ノグチゲラ	47
ノネコ	**46, 47, 130**, 15, 134

ハ

ハイイロゴケグモ	**79, 138**
ハギクソウ	**133**
ハクレン	**36**
ハツカネズミ	**130**
ハナサキガエル	15
ハナトラノオ	103
バナナ萎縮病ウイルス	**133**
バナナセセリ	**75**
ハブ	14, 88
ハリエニシダ	**128, 133**, 129
ハリエンジュ	**104, 137**
ハリネズミ	**138**
ハルザキヤマガラシ	**137**
ハルジオン	**136**, 91, 93

ヒ

ヒアリ（アカヒアリ）	**70, 71, 131**
ヒトスジシマカ	**110, 131**
ヒマワリヒヨドリ	**133**
ヒメアカカツオブシムシ	**131**
ヒメジョオン	**100, 136**
ヒラタクワガタ	83
ヒロヘリアオイラガ	**75, 135**

フ

フイリマングース	**12, 13, 130**, 2, 21, 138
フクロギツネ	**118, 130**
ブタ	**130, 134**, 51
ブラウントラウト	**33, 130**, 134
ブラジルチドメグサ	**139**
フランスカイガンショウ	**133**
ブルーギル	**32, 134**, 138

ヘ

ベダリアテントウ	20
ヘラオオバコ	93

ホ

ホザキサルノオ	**133**
ホシムクドリ	**118, 130**
ボタンウキクサ	**98, 136**, 139
ホテイアオイ	**96, 97, 132**, 5, 95, 136
ホンビノスガイ	67

マ

マイマイガ	**111, 131**
マゲジカ	87
マスクラット	**55, 138**
マダラロリカリア	**61**, 42
マツノザイ線虫	**137**
マメコガネ	110
マメハモグリバエ	**135**

ミ

ミカンキイロアザミウマ	**135**
ミカンコミバエ	**77**
ミズヒマワリ	**139**
ミツバチヘギイタダニ	**137**
ミドリガニ	**131**
ミナミイシガメ	**88**, 6
ミナミオオガシラ	**119, 130**
ミナミキイロアザミウマ	**135**

ム

ムスカリ	103
ムラサキイガイ	**80, 131**, 67, 136
ムラサキツメクサ	91, 92

モ

モツゴ	27, 29
モリシマアカシア	**133**
モンキチョウ	129

ヤ

ヤエヤマイシガメ	88
ヤギ	**50, 130**, 4, 134
ヤクシカ	87
ヤシオオオサゾウムシ	**78**
ヤセウツボ	93
ヤツデグワ	**133**
ヤノネカイガラムシ	**135**
ヤマヒタチオビ	**19, 131**, 15, 21, 136, 139
ヤンバルクイナ	2, 15, 47

ユ

ユウゲショウ	93

ラ

ランタナ	**125, 133**

リ

リクヒモムシの１種	25
リュウキュウイノシシ	51

ル

ルピナス	129

ワ

ワカケホンセイインコ	**57**, 43
ワカメ	**115, 132**

学研の図鑑 LIVE eco
外来生物

2018年7月10日　　初版第1刷発行

発行人　黒田隆暁

編集人　芳賀靖彦

発行所　株式会社 学研プラス
　　　　〒 141-8415
　　　　東京都品川区西五反田 2-11-8

印刷所　図書印刷株式会社

NDC　480　144p　29.1cm
©Gakken

本書の無断転載、複製、複写（コピー）、翻訳を禁じます。
本書を代行業者等の第三者に依頼してスキャンやデジタル化することは、
たとえ個人や家庭内の利用であっても著作権法上、認められておりません。

■ この本に関する各種お問い合わせ先
○ 本の内容については
　 TEL 03-6431-1281（編集部直通）
○ 在庫については
　 TEL 03-6431-1197（販売部直通）
○ 不良品（乱丁、落丁）については
　 TEL 0570-000577
　 学研業務センター
　 〒 354-0045　埼玉県入間郡三芳町上富 279-1
○ 上記以外のお問い合わせは
　 TEL 03-6431-1002（学研お客様センター）

■ 学研の図鑑 LIVE の情報は下記をご覧ください。
　 http://zukan.gakken.jp/live/
■ 学研の書籍・雑誌についての新刊情報・詳細情報は下記をご覧ください。
　 http://hon.gakken.jp/

※ 表紙の角が一部とがっていますので、お取り扱いには十分ご注意ください。

日本で役に立ちたかった外来種

外来種は、日本で役に立つために連れてこられたものが多くいます。でも、実際はじゃま者あつかいにされているものがいます。そんなかわいそうな外来種を選びました。

食べるために連れてこられた外来種

食べるために連れてこられたのにもかかわらず、日本人の好みに合わずに、そのまま放された外来生物も多くいます。たとえば、カワスズメやスクミリンゴガイなどです。とくに淡水にすむ魚を連れてきているのですが、日本人は淡水の魚があまり好きではないので、そのまま川や湖に放されてきました。おいしいのですが…。

コイ　スクミリンゴガイ　ウシガエル　カワスズメ

毛皮をとるために連れてこられた外来種

今は動物愛護の考え方から、動物の毛皮からつくられたコートやえりまきなどはかなり少なくなりましたが、以前は高級な服などとして売られていました。毛皮を売ることができなくなったので、放される動物が出て、問題を起こしています。

アメリカミンク　ヌートリア

外来生物DVDを見てみよう！

このDVD（全30分、本編25分）は、NHK（日本放送協会）が取材した映像と、編集部が集めた映像が収録されています。いろいろな外来種と外来種が起こす問題を見ていきましょう。

DVDのメニュー

パート1　奄美の森のアマミノクロウサギ

奄美大島にすむめずらしい動物アマミノクロウサギのくらしと、そのくらしをおびやかすフイリマングース、マングースの駆除を紹介した動画です。

マングースがどれだけアマミのクロウサギをおびやかしているかわかるよ！

パート2　外来生物がやってきた

沖縄島や小笠原諸島に入った外来生物による被害を紹介し、身近なところにもいる外来種を紹介します。

アカミミガメがイシガメを追いやっている理由がわかるよ。

■ DVDの取り扱い上の注意　・ディスクは両面ともに、指紋、汚れ、傷等をつけないように扱ってください。　・ディスクは両面ともに、鉛筆・ボールペン・油性ペン等で文字や絵をかいたり、シール等を貼り付けないでください。　・ディスクが汚れた場合は、眼鏡ふきのような柔らかい布で、内側から外側に向かって放射状に軽く拭いてください。　・レコードクリーナー、ベンジン・シンナーの溶剤、静電気防止剤は使用しないでください。　・直射日光のあたる場所、高温・多湿な場所での保管は、データの破損につながることがあります。また、ディスクの上から重いものを乗せることも同様です。

■ 利用についての注意　・DVDビデオは、映像と音声を高密度に記録したディスクです。DVDのロゴマークがついた、DVD対応プレイヤーで再生してください。DVDドライブがついたパソコンでも対応できます。（ごく稀に、一部のDVDプレイヤーでは再生できないことがあります。また、パソコンの場合も、OSや再生ソフト、マシンスペック等により再生できないことがあります。この場合は、各プレイヤー、パソコン、再生ソフトのメーカーにお問い合わせください。）　・このDVDを個人で使用する以外は、権利者の許諾なく譲渡・貸与・複製・放送・有線放送・インターネット・上映などで使用することを禁じます。図書館での貸与は、館外は認めません。

■ お問い合わせ先　株式会社学研プラス　電話 03-6431-1280　受付時間 11:00～17:00（土日祝日・年末年始を除く）

■ DVDの破損や不具合に関するお問い合わせ先　DVDサポートセンター　電話 0120-500-627　受付時間 10:00～17:00（土日祝日を除く）

⚠ ご使用になる前に必ずお読みください。　●本来の目的以外の使い方はしないでください。　●直射日光の当たる場所で使用、または放置・保管しないでください。反射光で火災が起きるおそれや、目をいためるおそれがあります。　●ディスクを投げたり、振り回すなどの乱暴な扱いはしないでください。　●ひび割れ・変形・接着剤で補修したディスクは使用しないでください。　●火気に近づけたり、熱源のそばに放置したりしないでください。　●使用後はケースに入れ、幼児の手の届かないところに保管してください。

■監修

今泉忠明（日本動物科学研究所所長）
岡島秀治（元・東京農業大学教授）

■写真協力

秋田県雄勝地域振興局農村整備課、阿部正之、アントルーム、伊藤ふくお、茨城県水産試験場内水面支場、岩国市環境保全課、海遊び・森遊び　きじむなあ、NPO法人行徳野鳥観察舎友の会、大木邦彦、おきなわかえる商会　小原祐二、沖縄科学技術大学院大学、沖縄県衛生環境研究、神奈川県立生命の星・地球博物館・瀬能 宏、株式会社沖縄環境経済研究所、株式会社シー・アイ・シー、鴨部東活動組織、環境省（一部写真提供）、環境省自然環境局野生生物課外来生物対策室、岐阜県森林研究所、京都水族館、久保川イーハトーブ自然再生協議会、小堀文彦、埼玉県農業技術研究センター、静岡県自然史博物館ネットワーク、篠部将太朗（東北大学大学院生命科学研究科）、週末・がさがさ団、白鳥大祐、シンケンハウスケア株式会社 久保田和広、水産庁、須田真一、竹内元一、武田薬品工業株式会社　京都薬用植物園、（地独）大阪府立環境農林水産総合研究所、千葉大学海洋バイオシステム研究センター銚子実験場、寺山守、東京都環境局、東京農業大学農学部昆虫学研究室 教授 小島弘昭、名古屋城総合事務所、南海日日新聞、農林水産省植物防疫所、灰庭英樹、平川動物園、平坂寛、福島民友新聞、フマキラー株式会社、八重山毎日新聞、山田守、横浜魚市場卸協同組合、吉岡史雄 理科教材データベース（岐阜聖徳学園大学）、和田慎一郎、aflo、amanaimages、iStockphoto、pixta、photolibrary、Shutterstock、学研プロダクツサポート写真部（傳祥爾）、学研プラス（里中正紀、高田竜）

p23中央、p49左下、p59右上・左上、p71右上、p79下、p84上、p85右下、　出典：日本の外来種対策ホームページ（環境省）（https://www.env.go.jp/nature/intro/4document/asimg.html）
p71左上　出典：環境省ホームページ（https://www.env.go.jp/press/104203.html）
P50 3点とも提供：東京都環境局
P98上2点写真提供：（地独）大阪府環境農林水産総合研究所

■標本写真加工

小堀文彦

■カバーデザイン

株式会社 東京100ミリバールスタジオ
（松田 剛、日野凌志）

■本文フォーマット

神戸道枝

■レイアウト

zest（長谷川慎一）

■編集協力

企画室トリトン（大木邦彦）、ハユマ（小西麻衣）、小此木千恵

■地図作成

粟田香織

■校正

株式会社ぷれす、鈴木進吾

■企画編集

学研プラス（里中正紀）

■DVD素材

NHKエンタープライズ、浅原 優、aflo、pixta、amanaimages、学研写真資料室、学研プラス（里中正紀）

■ナレーション

比嘉久美子

■メニュー画面制作

村上ゆみ子

■制作協力

シグレゴコチ（田辺弘樹）

※外来生物の日本国内の分布図は、国立環境研究所の「侵入生物データベース」を引用・参考にしています。

参考にしたもの

「Invasive Species Compedium」
（https://www.cabi.org/isc/）
「侵入生物データベース」国立環境研究所